高水平专业群教材建设专项项目
新时代新理念职业教育教材
铁道信号专业系列教材

高铁控制集中监测

莫建国　宋福顺　主编

北京交通大学出版社
·北京·

内 容 简 介

本书为活页式教材，内容对接当前我国高铁信号控制设备的集中监测系统，对高速铁路控制设备的设备原理、结构组成、安装施工、设备曲线等方面进行了系统阐述，从铁道信号控制设备和监测设备知识 2 个方面，把实际工作任务与现场生产实际结合起来，注重设备电气参数等实际数据的采集与分析，尤其将智能分析的内容纳入其中，深入浅出地按照高铁现场生产中的具体工作任务，从原理阐述到实际举例，从数据采集到参数分析，从曲线变化到故障处理，从应用的角度采集了现场发生的监测案例；将单件设备集中成监测系统，从安装、维护、举例 3 个角度介绍了高铁设备集中监测系统的有关知识。其内容也从认知安装到系统应用的顺序完成，主要包括认识高铁信号集中监测、安装采集设备和分析信号集中监测曲线 3 部分。

本书可供高等职业院校铁道信号自动控制专业学生使用，也可作为从事铁道信号专业工作人员和相关技术人员的参考学习用书，为高铁信号控制集中监测知识的学习提供可靠依据。

图书在版编目（CIP）数据

高铁控制集中监测 / 莫建国，宋福顺主编. —北京：北京交通大学出版社，2024.1
新时代新理念职业教育教材　高水平专业群教材建设专项项目
ISBN 978-7-5121-4915-1

Ⅰ. ① 高…　Ⅱ. ① 莫…　② 宋…　Ⅲ. ① 高速铁路－铁路信号－自动控制－高等职业教育－教材　Ⅳ. ① U284

中国国家版本馆 CIP 数据核字（2023）第 041095 号

高铁控制集中监测
GAOTIE KONGZHI JIZHONG JIANCE

项目总策划：陈　颖
责 任 编 辑：韩素华
出 版 发 行：北京交通大学出版社　　电话：010-51686414　　http://www.bjtup.com.cn
地　　　址：北京市海淀区高梁桥斜街 44 号　　邮编：100044
印　刷　者：艺堂印刷（天津）有限公司
经　　　销：全国新华书店
开　　　本：185 mm×260 mm　　印张：12　　字数：304 千字
版　印　次：2024 年 1 月第 1 版　　2024 年 1 月第 1 次印刷
定　　　价：69.00 元

本书如有质量问题，请向北京交通大学出版社质监组反映。对您的意见和批评，我们表示欢迎和感谢。
投诉电话：010-51686043，51686008；传真：010-62225406；E-mail：press@bjtu.edu.cn。

前　言

随着我国高速铁路的发展，安全、舒适、快捷已经成为铁路运输的主题，由此给高铁运输提出了更高的要求。高铁信号控制设备作为保证列车安全运行的核心，其系统的运行状态成为保障信号控制设备安全运行的重中之重，集中修、状态修、预防修也都成了保障设备安全运行的重要方式，运用高铁信号控制集中监测系统辅助现场工作人员完成设备维护成为关键手段。集中监测系统通过对运用设备的电气参数进行实时监测，通过大数据对数据变化进行智能分析，生成设备正常数据、运行曲线、异常提示等信息，从而“诊断”设备的运用状态，给出分析结果和报警信息，指导现场工作人员设定检修重点、制订维护计划、预先防范故障，最终保障高铁信号控制设备的安全运行。

本书为职业教育“岗课赛证”融通立体化新形态教材，对接新时代职业学校名师（名匠）名校长培养计划（2023—2025 年）名师（名匠）建设内容，从职业院校培养专业复合型高铁人才的角度，设定编写内容，结合高铁基础设施设备的新技术、新设备、新标准及新型生产方式，采取活页式的方式，按任务将高铁实际生产应用知识进行总结和归纳，以提高职业院校人才培养的专业技能水平。本书依据实物认知的规律，从认知设备、施工安装、系统调试、运用分析等方面入手，按高铁集中监测、组成架构及参数曲线 3 部分设定内容，对铁道信号控制设备和监测设备两方面知识进行了阐述。主编莫建国、宋福顺都有多年高铁集中监测系统的运用和维护经验，参编的闫丽颖有多年教学经验，田小红、李文博都来自高铁生产一线，为全书编写提供了专业支持和技术保障。

由于作者水平有限，内容方面难免出现一些纰漏，恳请广大读者批评指正。

作　者

2023 年 12 月

目　录

项目 1

认识高铁信号集中监测

项目导引

高铁信号集中监测是保证行车安全、预防信号设备故障、加强结合部管理、监测信号设备运用质量的重要行车设备。信号集中监测系统以信号设备为监督对象，利用传感器、现场总线、计算机技术、通信网络、软件工程及数据库等技术，监测并记录设备运行状态、统计分析相关数据、加强设备管理，为铁路信号维护管理部门及时掌握设备运行状态、预判设备故障、指导现场作业和管理提供了科学依据，从而提高了铁道信号设备的维护效率和质量。

通过本项目的学习，学生可以清楚地了解车站信号集中监测设备的结构组成和功能，并可以全面了解监测采集设备及其原理。高铁控制集中监测系统是对外电网综合质量、电源屏、轨道电路、道岔转辙机、列车信号机点灯回路电流、电缆绝缘和电源漏流、集中式移频轨道电路、半自动闭塞、站（场）间联系电路的电压、开关量、熔丝断丝报警及环境状态进行实时监测；是与列控中心、ZPW-2000 系列轨道电路、计算机联锁、TDCS/CTC、智能电源屏、UPS 等具有自诊断功能的系统相接，作为综合型监测平台对其监测。本书是为实施信号集中监测采集系统设备安装、调试和养护维修打下基础，进一步提高识读技术文件和图纸的能力。

- 铁路信号集中监测系统
  - 国铁集团子系统
    - 通信管理机：与国铁集团各监测终端及各铁路局应用服务器间建立通信连接并进行数据交换、监视与管理。
    - 入侵检测系统和网络设备：实现与各个铁路局子系统的接口，实现与各路局监测信息的互联。
    - 监测终端：可以调看全路的联网车站，实现查看车站信号设备的工作状态，回放站场存储信息和报表信息，显示车站的报警信息。
  - 铁路局子系统
    - 应用服务器：以星形方式与各个电务段连接，管理全局内所辖电务段及车站节点，负责与所管辖电务段应用服务器、铁路局监测终端及国铁集团通信管理机等节点建立通信连接，进行网络通信和数据交互，并实现数据流调度和信息路由等功能。
    - 监测终端：可以调看全局的联网车站。实时查看车站信号设备的工作状态，回放站场存储信息和报表信息，显示车站的报警信息。
    - 铁路局监测子系统维护工作站：配备监测终端的所有功能，并具备网络拓扑图状态管理，实时显示网络节点、通道和车站采集设备的工作状态，通过声音、拓扑图颜色变化来反映当前网络的告警信息。它还可以实现网络流量和网络传输出错率的在线分析。
  - 电务段子系统
    - 应用服务器：以环形方式和各个车站连接，每隔8～15个车站形成一个环，环内具体车站数量可以根据通信传输系统节点情况确定。它管理全段内所有车站节点，负责与铁路局电务监测中心应用服务器、电务段监测终端等节点建立通信连接，进行网络通信和数据交互，并实现数据流调度和信息路由等功能。
    - 数据库服务器：存储车站开关量、通信前置机、应用服务器、报警等监测系统数据、报警等监测系统终端、网管服务器等操作记录。数据库服务器仅与应用服务器建立连接，存储应用服务器传输过来的相关数据，并响应应用服务器传输的读取历史数据的有关命令，将得到的历史数据传回应用服务器。
    - 网管服务器：负责统一处理管辖范围内所有终端、应用服务器、通信前置机、车站采集设备、车站网络设备的通信状态信息。
    - Web服务器：提供Web浏览服务功能，主要包括实时报警及历史报警查询、报警信息处理情况录入、报警信息分析统计，同时作为全线子系统自动升级服务器。
    - 时钟服务器：主要作用是向电务段子系统管辖范围内的站机和终端、服务器提供标准时钟源，并定时校核所辖各个节点的时间。
    - 防病毒服务器：用来向电务段子系统所隶属的站机和终端（包括ZPW-2000维修终端）发放杀毒软件，并完成防病毒库更新。
    - 接口服务器：主要实现跨系统、跨网络间连接的数据通信转发及处理。通过网络连接或RS-422串口方式完成电务段子系统与其他系统间的数据交互。
    - 维护工作站：主要作用是对车站子系统和电务段子系统的站机、终端、服务器、网络设备等提供维护手段。
    - 网络设备：防火墙、核心路由器、核心交换机、入侵检测系统（IDS）等。
  - 车站子系统
    - 站机：车站子系统的核心，它负责检测系统所需开关量、模拟量、报警信息、环境数据、视频信息的收集、分类、逻辑分析处理、报警输出、数据统计汇总和存储回放等功能，并提供了人性化的人机交互界面，以图形、列表及曲线等方式给电务维护人员提供有价值的维修状态信息，同时接收用户数据及指令的输入，实现实时、交互式的浏览、设置和查询。
    - 通信接口分机：监测采集设备中的核心部分，绝大部分的监测模拟量采集数据都通过通信接口分机收集并编码转给监测站机，通信接口分机通过CAN总线或网线与车站监测站机连接，负责实时采集各种信号设备数据，并对采集数据进行预处理。
    - 采集分机和智能采集单元。具体有现场控制总线信息平台、高精度数据采集单元（包括轨道、道岔、电源屏等模拟量信息）、环境监测传感器、门禁控制器、智能空调控制器、ZPW-2000A移频信号综合采集器等，通过采集单元，可以实现道岔动作曲线、道岔表示电压、轨道电路电压、信号机电流、移频发送、移频接收、半自动闭塞、绝缘测试、漏流测试、外电网质量、熔丝报警等信息的采集。
    - 网络设备：包括路由器、交换机、协议转换器等。

任务 1.1　认识高铁信号集中监测系统

1.1.1　任务导入

在铁道概论课程中介绍了 CTC/TDCS 网络系统及构成，作为铁路信号设备电气参数监督和测试的主体设备——高铁信号集中监测系统的网络分层也与之类似，请大家根据 CTC/TDCS 的网络分层图设计出监测系统的网络分层图。

1.1.2　任务目标

知识目标	1. 了解监测系统的结构 2. 知道监测系统的功能
能力目标	1. 能看懂系统结构图 2. 能够说出监测系统的作用及功能
素质目标	1. 培养学生自主学习的能力 2. 培养学生独立思考的能力

高铁信号集中监测系统结构示意图如图 1－1 所示。

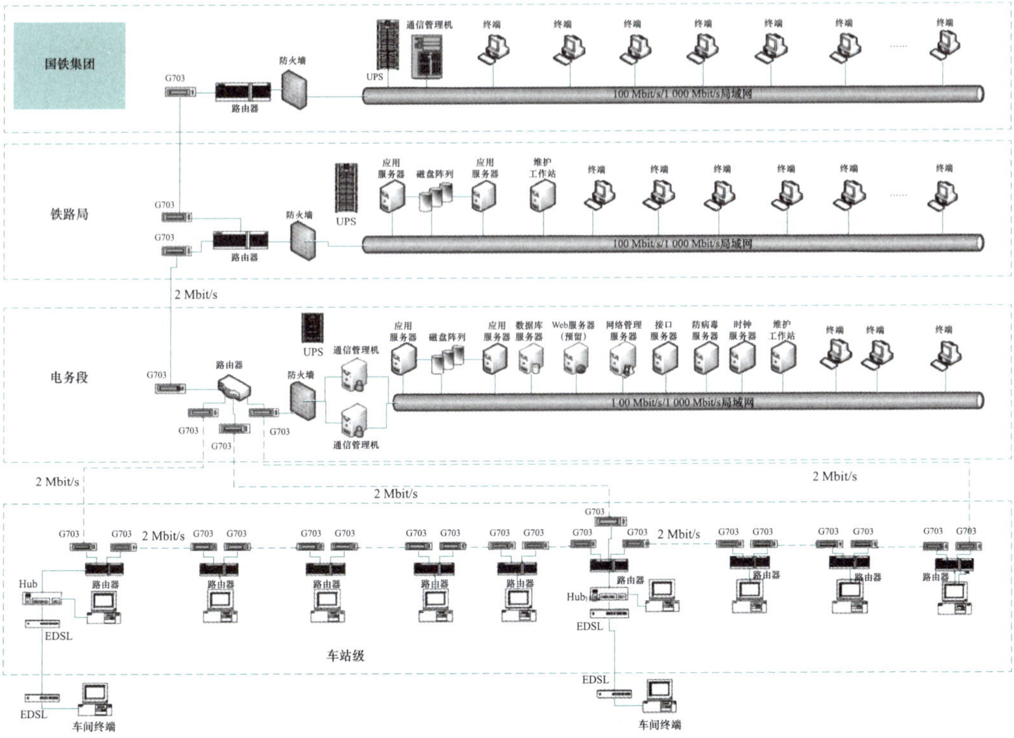

图 1－1　高铁信号集中监测系统结构示意图

1.1.3 任务分析

本任务包含：5 个知识点（高铁信号集中监测系统的结构、国铁集团监测子系统的组成及功能、铁路局监测子系统的组成及功能、电务段监测子系统的组成及功能、车站子系统的组成及功能）和 1 个技能点（能够绘制车站子系统结构示意图）。

1.1.4 系统的组成、结构及功能

1. 体系结构

高铁信号集中监测系统分为国铁集团、铁路局、电务段 3 级体系结构。在此 3 级体系结构框架下，系统划分为国铁集团子系统、铁路局子系统、电务段子系统、车站子系统 4 层。

2. 各子系统的组成

1）国铁集团子系统

国铁集团子系统由高性能、高可靠的计算机网络体系组成，主要包括通信管理机、监测终端、入侵检测系统和网络设备。

2）铁路局子系统

铁路局子系统由应用服务器、监测终端、维护工作站 3 大部分组成。铁路局子系统通过 2 Mbit/s 以上的专用线路与电务段子系统、相邻铁路局子系统、国铁集团子系统相连。

3）电务段子系统

电务段子系统由服务器组、网络设备、安全设备、电源设备及监测终端组成。

电务段子系统中心机房部署 2 台数据库服务器、2 台应用服务器、2 台通信管理机、1 台光存储磁盘阵列、2 台网络管理服务器、1 台时钟服务器、1 台防病毒服务器、1 台 Web 服务器；2 台核心多层交换机、2 台核心路由器、1 台 3 层接入交换机、相应的协议转换器、网络设备接口卡；1 台硬件防火墙、1 台入侵监测设备；若干台监测终端（监测终端数量可根据维修管理的需要增配）。

4）车站子系统

信号集中监测系统中的车站子系统设置在车站信号机械室内，是整个信号集中监测系统的基础部分，主要负责数据信息的采集、处理、存储、回放、界面显示及通信，由 1 套采集设备、1 台 IPC 工控机、1 台显示器及网络通信设备、通信防雷器件等组成。

3. 各子系统的功能

1）国铁集团子系统

该子系统处于最高层，是现代化维护指挥的大脑。该子系统通过获取各铁路局子系统的接口信息，监督和管理重要铁路枢纽和主要干线的信号设备。可以调看全路联网车站，实时查看车站信号设备的工作状态，回放站场存储信息和报表信息，显示车站的报警信息。

通信管理机以星形方式与各个铁路局连接，负责与所辖铁路局中心服务器、国铁集团监测终端等节点建立通信连接，进行网络通信和数据交换，并实现数据流调度和

信息路由等功能。国铁集团子系统实现以下功能。

（1）故障透明。监测终端以全路线路图或电子地图作为日常显示画面，以不同的颜色表示各个铁路局的信号设备运行状态。

（2）故障监督。国铁集团子系统需要对全路信号设备故障处理情况进行监督。通过对局、段、线故障处理的监督，及时指导故障处理，也为掌握设备使用状态、人员考核提供依据。

（3）系统维护。国铁集团子系统通过对全路 CSM（centralized signalling monitoring system，信号集中监测系统）自身的运行状态进行监督，督促各铁路局、电务段对 CSM 进行及时维护。只有保证 CSM 本身运行的正常，才能够发挥 CSM 的最大效益。

2）铁路局子系统

铁路局子系统处于第二层，作为整个集中监测系统的监测中心。与下设的电务段子系统基层网互联，管理全局范围内所管辖的电务段及车站节点，给各级电务管理者提供监视功能，实现对所管辖范围内各电务段子系统上传信息的汇总和标准化处理，作为信号设备维护指挥的依据。

铁路局子系统中应用服务器作为整个铁路局 CSM 的监测中心，以星形方式与各电务段子系统连接，管理全局范围内各个站段、车间及所管辖车站的电务信号设备，铁路局子系统主要实现网络管理和系统管理功能。

（1）网络管理。铁路局子系统实现对监测终端、应用服务器和站机的配置。

维护工作站可以在线分析网络流量及网络传输的出错率，可在网络拓扑图上动态、实时地监测各网络节点的工作状态和网络通道状态，还可以动态、实时地监测车站 UPS、采集机、智能传感器及其他接口单元的状态。

（2）系统管理。铁路局子系统可监测管辖范围内所有监测终端、服务器、通信前置机、采集设备状态，接收服务器传输过来的各个节点的状态，实时监视 CSM 电务段服务器的运行状态，并响应服务器传输过来的各个节点状态的命令。

3）电务段子系统

电务段子系统是整个系统的核心，处于“承上启下”的位置，实现所管辖车站的监测信息的汇总存储、综合调阅功能，并实现与其他系统在电务段子系统的互联。

CSM 监测终端包括车间/工区终端、电务段调度终端、电务段分析中心终端、实验室终端、电子车间终端，它们的功能基本相同，可以调阅显示其管辖车站监测系统全部信息，包括站场状态图、实时及历史报警、开关量实时及历史记录、模拟量实时值日报表及转辙机动作电流曲线和功率曲线等。

4）车站子系统

车站子系统位于最底层，是整个系统的基础，是所有原始数据的源头。该系统主要负责数据的采集、分类、逻辑分析处理、统计汇总、存储，实现车站区间信号设备的实时监测、故障分析诊断，并提供人机对话界面，显示各类站场信息，并及时显示各类故障报警信息。

1.1.5　任务实施

学习完理论知识后，绘制高铁信号集中监测系统结构示意图。

完成后，扫描下面的二维码进行校核，并完善自己所绘的结构示意图。

1.1.6 准备工作

1. 扫码看课

2. 分组

表 1－1 为分组表。

表 1－1 分组表

<table>
<tr><td>班级</td><td colspan="2"></td><td>组号</td><td></td><td>组长</td><td></td></tr>
<tr><td rowspan="4">组员</td><td>姓名</td><td colspan="2">角色</td><td colspan="2">姓名</td><td>角色</td></tr>
<tr><td></td><td colspan="2"></td><td colspan="2"></td><td></td></tr>
<tr><td></td><td colspan="2"></td><td colspan="2"></td><td></td></tr>
<tr><td></td><td colspan="2"></td><td colspan="2"></td><td></td></tr>
</table>

1.1.7 工作实施

1. 工作流程

课前：学生扫描 1.1.6 节中的二维码开展自学。

课中：教师对学生进行分组后，带领学生进入实训室，对车站子系统进行讲解，完成 CSM 体系结构图。

课后：以小组为单位完成 CSM 系统中各系统设备组成介绍视频，相互学习，巩固知识。

2. 工作实施

① 确定小组人员，按照教师要求，按小组进行讨论学习。

② 小组成员进行讨论，完成教学目标。

③ 完成 CSM 体系结构示意图。

3. 检验完成情况

① 采用抢答的方式，各小组对教师提出的问题进行抢答，掌握设备布置、组成及监测内容。

② 扫描 1.1.5 节中的二维码，检查自己所绘的系统结构图。

1.1.8 评价反馈

1. 评价流程

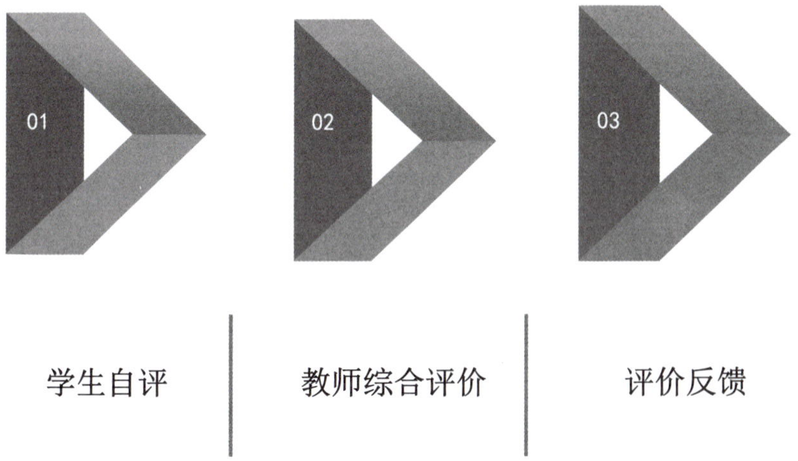

2. 评价表

表 1–2 为任务评价表。

① 学生自评，并将结果填入学生自评栏中。

② 教师对学生工作过程与工作结果进行评价，并将评价结果填入教师综合评价栏中。

表 1－2　任务评价表

<table>
<tr><td colspan="3">项目 1　认识高铁信号集中监测</td><td colspan="3">任务 1.1　认识高铁信号集中监测系统</td></tr>
<tr><td colspan="6">班级：　　　　　　　　姓名：　　　　　　　　学号：</td></tr>
<tr><td colspan="6">一、学生自评</td></tr>
<tr><td>序号</td><td>项目评价</td><td colspan="2">评价标准</td><td>分值</td><td>得分</td></tr>
<tr><td>1</td><td>高铁信号集中监测系统分级结构</td><td colspan="2">能正确说出监测系统 3 级结构</td><td>20</td><td></td></tr>
<tr><td>2</td><td>车站子系统</td><td colspan="2">能正确说出车站子系统的作用及组成</td><td>20</td><td></td></tr>
<tr><td>3</td><td>铁路局子系统</td><td colspan="2">能正确说出铁路局子系统的作用及组成</td><td>20</td><td></td></tr>
<tr><td>4</td><td>绘制 CSM 体系结构图</td><td colspan="2">能正确绘制 CSM 体系结构图</td><td>20</td><td></td></tr>
<tr><td>5</td><td>工作质量</td><td colspan="2">能按计划完成任务</td><td>10</td><td></td></tr>
<tr><td>6</td><td>协调能力</td><td colspan="2">与小组成员之间能合作交流，协调工作</td><td>10</td><td></td></tr>
<tr><td colspan="6">二、教师综合评价</td></tr>
<tr><td colspan="6">班级：　　　　　　　　姓名：　　　　　　　　学号：</td></tr>
<tr><td></td><td>项目评价</td><td colspan="2">评价标准</td><td>分值</td><td>得分</td></tr>
<tr><td colspan="2">考勤（10%）</td><td colspan="2">未出现无故迟到、早退、旷课现象</td><td>10</td><td></td></tr>
<tr><td rowspan="8">工作过程（90%）</td><td>高铁信号集中监测系统分级结构</td><td colspan="2">能正确说出监测系统 3 级结构</td><td>10</td><td></td></tr>
<tr><td>车站子系统</td><td colspan="2">能正确说出车站子系统的作用及组成</td><td>15</td><td></td></tr>
<tr><td>铁路局子系统</td><td colspan="2">能正确说出铁路局子系统的作用及组成</td><td>15</td><td></td></tr>
<tr><td>绘制高铁信号集中监测系统结构示意图</td><td colspan="2">能正确绘制高铁信号集中监测系统结构示意图</td><td>10</td><td></td></tr>
<tr><td>工作态度</td><td colspan="2">态度端正，工作认真，对不会的问题能主动提问</td><td>10</td><td></td></tr>
<tr><td>工作完整</td><td colspan="2">能按时完成任务</td><td>5</td><td></td></tr>
<tr><td>工作规范</td><td colspan="2">能按规范要求完成任务</td><td>5</td><td></td></tr>
<tr><td>成果展示（视频）</td><td colspan="2">能准确表达、汇报工作成果</td><td>20</td><td></td></tr>
<tr><td rowspan="2">综合评价</td><td>自评（40%）</td><td>教师评价（60%）</td><td colspan="3">综合得分</td></tr>
<tr><td></td><td></td><td colspan="3"></td></tr>
</table>

任务 1.2　认识高铁信号集中监测车站子系统

1.2.1　任务导入

作为铁路信号工，应能根据施工图纸准确完成设备的施工及安装，那你知道车站子系统中有哪些具体设备？它们之间有哪些联系呢？

1.2.2　任务目标

知识目标	1. 了解车站子系统的结构 2. 知道车站子系统的功能
能力目标	1. 能够看懂车站子系统的结构联系图 2. 能够说出车站子系统的作用及功能
素质目标	1. 培养学生认识新事物的能力 2. 培养学生自主学习的能力 3. 培养学生独立思考的能力

1.2.3　任务分析

本任务包含：2 个知识点（车站子系统的功能与组成和车站子系统监测的主要内容）和 1 个技能点（能够绘制车站子系统的连接示意图）。

1.2.4　车站子系统的功能与组成

车站子系统完成基础信息的收集及处理，通过自采集或与其他子系统接口的方式实现数据的汇集，系统具备丰富的调阅分析功能，可实现故障查询、处理、回访等日常维护功能。

信号集中监测系统中的车站子系统设置在车站信号机械室内，是整个信号集中监测系统的基础部分，主要负责数据信息的采集、处理、存储、回放、界面显示及通信，由 1 套采集设备、1 台 IPC 工控机、1 台显示器及网络通信设备及通信防雷器件等组成。

车站子系统网络通信设备包含路由器、交换机、协议转换器、通道防雷和配套线缆，它们被安装在站机综合柜内，用于站机和服务器、邻站站机的网络通信。依据通信的需求，车站配置的网络设备会存在不同。

1.2.5　监测内容及与车站信号设备间的联系

信号集中监测的主要内容包括：信号基础设备如信号机、道岔转辙机、轨道电路、电缆、电源等模拟量、开关量及操作表示信息、设备状态、继电器状态等。

CTC（centralized traffic control，集中控制）、列控中心、临时限速服务器、计算机联锁、综合电源屏、ZPW－2000A 轨道电路设备、智能灯丝报警装置等自身具备监测功能，相关监测信息通过相关接口传递给监测系统。

1. 集中监测模拟量监测内容

① 外电网输入相电压、线电压、电流、频率、相位角、功率监测。

② 电源屏输入电压、电流，输出电压、电流；25 Hz 电源输出电压、频率、相位角监测。

③ 电动转辙机道岔在转换过程中转辙机的动作功率、电流、动作时间、转换方向监测。

④ 道岔表示交、直流电压监测。

⑤ 电缆绝缘监测、电源对地漏泄电流监测。

⑥ 列车信号机点灯回路电流的监测。

⑦ 集中式有、无绝缘移频自动闭塞区间移频发送器发送电压、电流、载频、低频，区间移频接收器轨入（主轨、小轨）电压，轨出 1、轨出 2 电压、载频、低频，区间移频电缆模拟网络电缆侧发送电压、接收电压、发送电流监测。

⑧ 环境状态的模拟量温度、湿度，民用空调电压、电流、功率监测。

⑨ 防灾系统与列控系统分界口处接口直流电压监测。

⑩ 站（场）间联系线路直流电压、场间联系电压、自闭方向电路电压、区间监督电压监测。

其中外电网质量采集、道岔表示采集、道岔功率采集、轨道电路采集、列车信号机点灯电流采集需要专门设置采集组合进行采集，采集的信息通过 RS－485 通信总线送到通信接口分机后，利用监测机柜的 CAN 总线与监测主机相连。

在上述监测内容中，直流道岔电流采集、绝缘漏流测试根据具体情况需单独配线与监测机柜上的综合采集机、道岔采集机相连。

2. 集中监测开关量监测内容

① 对按钮状态、控制台表示状态、关键继电器状态等开关量进行监测。

② 列车信号主灯丝断丝状态监测。

③ 环境监控开关量监测。

④ 监测系统接口功能，满足对计算机联锁、列控中心、TDCS/CTC、智能电源屏、ZPW－2000、有源应答器、道岔缺口等具有自诊断功能的信号设备，通过接口方式获取所需的状态信息和报警信息功能。

上述监测内容，熔丝报警、灯丝报警灯开关量是通过监测机柜上的综合采集机、道岔采集机单独配线获取的信息。在获取信息后，监测机柜通过 CAN 总线与监测主机相连。

通过网线 RJ－45 与列控中心、移频轨道电路设备相连获取信息。

通过 RS－485 与智能电源屏相连获取电源屏的监测信息。

通过 RS－422 与计算机联锁的电务维修机相连获取站场的信息。

监测主机将获取的信息进行处理、分析及运算后，通过交换机、路由器、协议转换器将信息上传给相邻车站及电务段子系统。

1.2.6　任务实施

表 1–3 为任务说明表。

表 1–3　任务说明表

任务	车站子系统是整个集中监测系统的基础数据源，掌握了集中监测信号设备联系图，就弄清了具体数据的源头，根据所学知识完成车站子系统与高铁车站集中监测信号设备的联系图
沟通	开展专题讨论，分析信号设备联系图，应该具备哪些知识
准备	学生采用随机的形式分组，组内做好分工，明确工作进度和要求
实施	步骤： 1. 整理相应基础资料； 2. 查找计算机联锁、CTC 系统信号设备联系图的画法； 3. 根据上述设备联系图的形式，绘制高铁车站集中监测信号设备联系图

1.2.7　工作单

表 1–4 为工作单。

表 1–4　工作单

班级：　　姓名：　　学号：　　完成时间： 任务名称：	
沟通	操作名称与描述： 完成情况：
准备	操作名称与描述： 完成情况：
实施	绘制第一步： 操作名称与描述： 完成情况： 绘制第二步： 操作名称与描述： 完成情况：
整理	操作名称与描述： 完成情况：

1.2.8 准备工作

1. 扫码看课

2. 分组

表 1–5 为分组表。

表 1–5 分组表

<table>
<tr><td>班级</td><td></td><td>组号</td><td></td><td>组长</td><td></td></tr>
<tr><td rowspan="4">组员</td><td>姓名</td><td>角色</td><td>姓名</td><td colspan="2">角色</td></tr>
<tr><td></td><td></td><td></td><td colspan="2"></td></tr>
<tr><td></td><td></td><td></td><td colspan="2"></td></tr>
<tr><td></td><td></td><td></td><td colspan="2"></td></tr>
</table>

1.2.9 工作实施

1. 工作流程

课前：学生扫描 1.2.8 节中的二维码开展自学。

课中：教师对学生进行分组后，带领学生进入实训室，对车站子系统进行讲解，完成联系图绘制。

课后：以小组为单位完成车站子系统与其他设备联系的介绍视频，相互学习，巩固知识。

2. 工作实施

① 确定小组人员，按照教师要求，按小组进行讨论学习。

② 小组讨论，完成教学目标。

③ 完成车站子系统与高铁车站集中监测信号设备的联系图。

3. 检验完成情况

① 采用抢答的方式，各小组对教师提出的问题进行抢答，掌握设备布置、组成及监测内容。

② 扫描 1.2.8 节中的二维码，检查自己所绘的联系图。

1.2.10　评价反馈

1. 评价流程

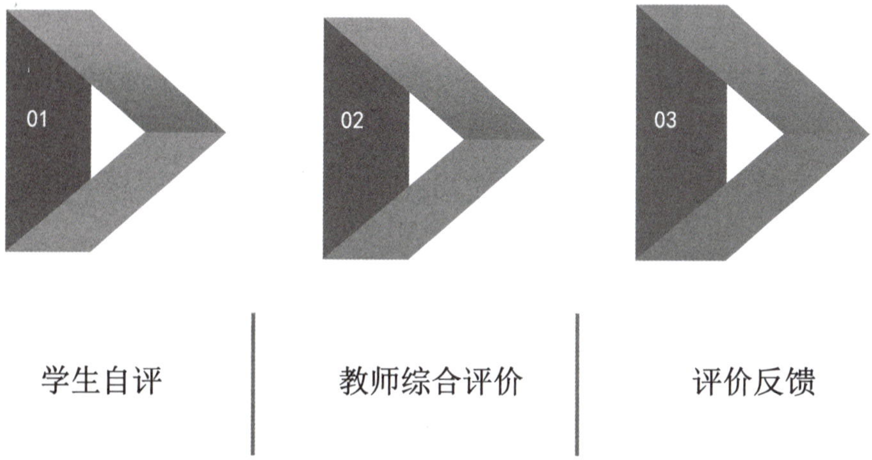

2. 评价表

表 1–6 为任务评价表。

① 学生自评，并将结果填入学生自评栏中。

② 教师对学生工作过程与工作结果进行评价，并将评价结果填入教师综合评价栏中。

表 1–6　任务评价表

项目 1　认识高铁信号集中监测		任务 1.2　认识高铁信号集中监测车站子系统		
班级：		姓名：	学号：	
一、学生自评				
序号	项目评价	评价标准	分值	得分
1	设备名称	能正确说出设备名称	20	
2	监测模拟量	能正确说出模拟量内容	20	
3	监测开关量	能正确说出开关量内容	20	
4	联系图绘制	能正确绘制车站子系统与高铁车站集中监测信号设备之间的联系图	20	
5	工作质量	能按计划完成任务	10	
6	协调能力	与小组成员之间能合作交流，协调工作	10	

续表

二、教师综合评价				
班级：		姓名：	学号：	
	项目评价	评价标准	分值	得分
考勤（10%）		未出现无故迟到、早退、旷课现象	10	
工作过程（90%）	设备名称	能正确说出设备名称	10	
	各板卡作用	能正确说出各板卡作用	10	
	监测模拟量	能正确说出各模拟量内容	10	
	监测开关量	能正确说出开关量内容	10	
	联系图绘制	能正确绘制联系图	10	
	工作态度	态度端正，工作认真，对不会的问题能主动提问	10	
	工作完整	能按时完成任务	5	
	工作规范	能按规范要求完成任务	5	
	成果展示（视频）	能准确表达、汇报工作成果	20	
综合评价	自评（40%）	教师评价（60%）	综合得分	

任务 1.3　组装车站监测机柜设备

1.3.1　任务导入

某年某月 A 车站，在集中监测设备施工中需要完成机柜设备的安装与调试，如果你作为施工负责人，应注意哪些重点任务。

1.3.2　任务目标

知识目标	1. 知道车站监测机柜的组成 2. 知道车站监测机柜各层的作用
能力目标	1. 能够认识车站监测机柜的各层设备 2. 能够完成车站监测机柜设备组装
素质目标	1. 培养学生认识新事物的能力 2. 培养学生自主学习的能力 3. 培养学生严谨细致的工作态度

1.3.3　任务分析

本任务包含：5 个知识点（认识 C0 组合、认识综合采集层、认识道岔采集层、认识通信接口分机、认识 12 V 大功率电源）和 3 个技能点（联网设备的安装、显示器打印机的安装、机柜安装）。

1. C0 组合

C0 层前面板为系统和公司铭牌。内部安装一个 5 V 开关电源，主要提供采集道岔一启动继电器状态的开关量采集模块工作用电。

C0 层后面板上安装两个 5 A 的保险，用于接内部 5 V 开关电源的输出。另一旁为 3 个 3×18 柱端子，其中 D3 为预留，D1 和 D2 为机柜电源输出转接端子。道岔电流采集、绝缘测试等设备的工作直流电均由此引出配线。

2. 综合采集层

C1–D0：CPU 板，收集综合层信息，通过 CAN 总线上传给监测机。

C1–D1：模入板，第 24 路（C1–D1–Z8）采集漏流测试信息。

C1–D2：24 V 开入板，采集熔丝排架报警。

C1–D3：24 V 开入板，采集环境监测报警（火光、烟雾、门禁）。

C1–D4：开出板，驱动绝缘测试继电器动作，可测 256 路电缆绝缘。

C1–D5：开出板，可增测 256 路绝缘，视车站大小增加。

C1–D6：开出板，可再增测 256 路绝缘，视车站大小增加。

C1–D7：绝缘接口板，接收绝缘测试回送数据。

C1–D8：模入板，采集环境监测模拟量信息（温湿度）。

3. 道岔采集层

C1–D0：CPU 板，收集道岔信息，通过 CAN 总线上传给监测机。

C1–D1、D3、D5：模入板，接收道岔电流传感器送出的 0～5 V 直流电压。

C1–D2、D4、D6：5 V 开入板，接收开关量采集器送来的道岔 1DQJ 状态信息。

模入板与 5 V 开入板在道岔采集层间隔安装，两两一组，每组对应序号的开入板端子和模入板端子必须采集同一道岔的 1DQJ 和道岔电流。

4. 通信接口分机

通信接口分机为 06 型微机监测采集信息处理的中心设备，安装在监测机柜中部。

通信分机前面板为状态显示数码管和设置 RS–232 串口，后方有 8 个 RS–485 通信串口，用于收集采集组合架上传的采集信息。每个 RS–485 通信口上最多可接 20 个采集单元，同一通信口内的不同采集单元必须设置不同的 RS–485 通信地址。CAN 口用于将通信接口分机连接到机柜的 CAN 总线上，然后将其收集和整理的采集信息上传给监测主机。

在正常工作时，通信接口分机逐个检索后方 8 个 RS–485 串口上接的采集单元通信状态，并将通信状态显示在前方的数码管上，如图 1–2 所示。

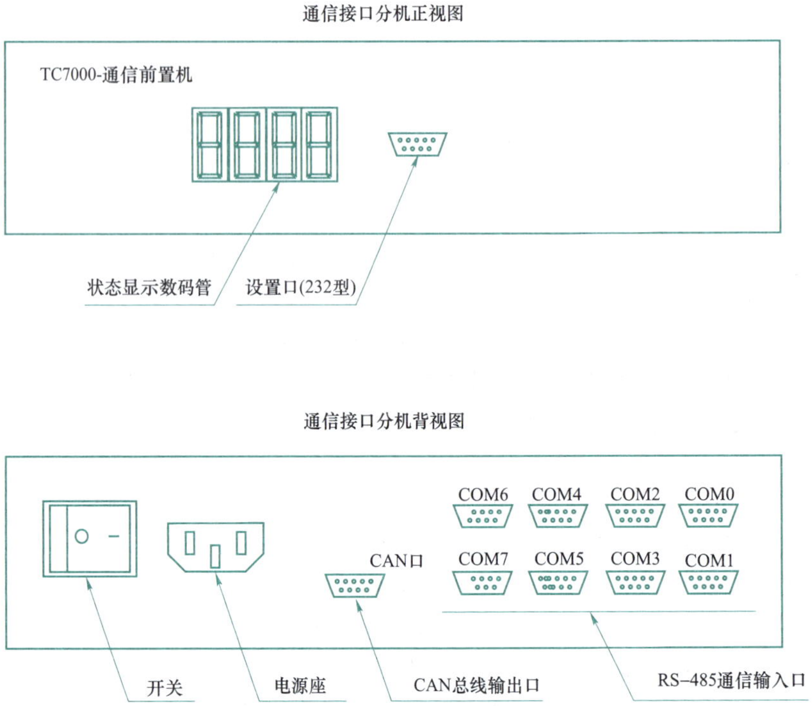

图 1-2　通信接口分机示意图

网络型通信分机的液晶屏显示分 4 行，如图 1-3 所示。第 1 行依次显示网络型通信分机配置的 IP 地址，第 2 行显示给网络型通信分机分配的分机号，通常 C1 后显示的即为该通信分机的分机号，C0 的端口暂未使用。第 3 行和第 4 行分别显示此通信分机 8 个 RS-485 总线输入口上的地址单元状态。当该端口的采集单元通信均正常时，端口号后面显示两条短横线“--”；当端口总线上有几个采集单元通信中断时，则按从小到大的顺序轮询显示中断单元的地址号；当此端口未使用时显示“XX”。

图 1-3　通信分机液晶屏显示图

在图 1-3 中，第 1 行表示网络 0 口的 IP 地址为 172.102.076.003；第 2 行表示此通信分机分机号为 25；第 3 行和第 4 行表示端口 0 上显示地址为 2 的采集单元通信中断，端口 1 显示地址为 3 的采集单元通信中断，端口 2～7 的采集单元通信均正常。

通信分机是微机监测采集系统中的核心数据转发设备，通信分机上的状态显示往往最先反映监测采集设备的工作状态，是监测设备维护中的重要环节。通信中断，以及通信分机与通信分机的故障主要与接口通信相关，故障可分为通信分机与监测主机、RS－485 串口通信中断两种。通信分机与监测主机中断，可从通信状态图中查到。

网路通信分机首先要 ping 通信分机的 IP 地址，看是否 ping 通。如果不通，则检查通信分机的网线连接是否正确，对应的网络口连接灯是否点亮。再检查通信分机的 IP 地址设置是否与程序一致。如能 ping 通通信分机，则检查程序配置中对应通信分机的 IP 地址和分机号是否配置正确。

5. 12 V 大功率电源

机柜最下方安置 12 V 大功率电源，电源固定在机柜底部的托盘上，前面面板伸出机柜前方挡板。12 V 大功率电源主要提供+12 V 和－12 V 两路电源，用于向安装在机械室组合架上的监测采集单元提供工作用电。12 V 大功率电源外观如图 1－4 所示。

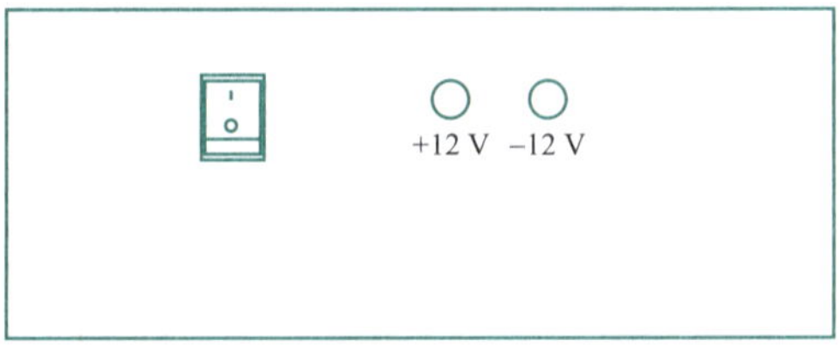

(a) 正面图

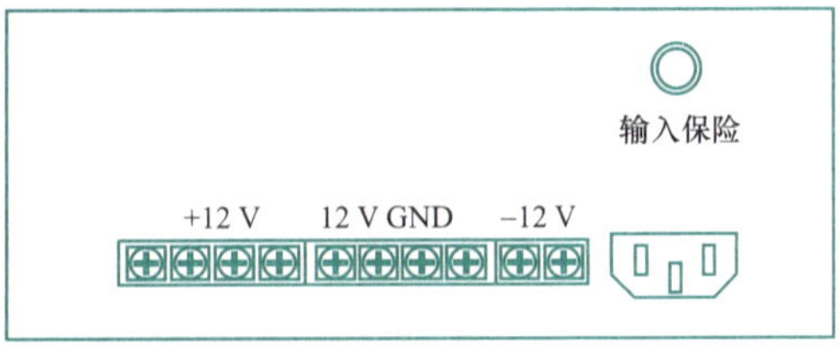

(b) 背面图

图 1－4　12 V 大功率电源外观

在图 1－4 中，电源正面为两路输出电源指示灯和开关。背面安装 220 V 电源输入保险和电源输出端子，电源输出端子配线至机柜后部，通过输出保险向外供电。12 V 大功率电源输出 2 种电源：+12 V 和－12 V，对应有 2 个工作灯显示。其中 +12 V 为各采集单元工作电源；－12 V 目前只有采集移频接收的阻抗匹配器用到。

当电源输出线上短路时，12 V 电源会自我保护截止输出，此时对应的电源灯将灭灯。当甩开外线去除短路因素时，电源将恢复输出。通常在监测机柜内给大功率 12 V 电源输出端又加装了保险，进一步保护电源。当发现 12 V 电源上的灯正常，而采集模块电源回路上测不到 12 V 电时，需检查是否因线路短路，造成输出保险熔断。正常 12 V 电源应保持不低于 12 V 的输出电压，以确保实际送到模块上的工作电压在 11 V 以上。

当模块数量过多以致电源输出电压在线路上衰耗过大，实际加载到采集单元上的电压不足时，可将大功率电源前面板的 4 个螺丝卸下，调节内部电源的输出电压值。这种方式只有在其他方法都无法解决时，才可使用，并且调节时必须小心微调。

6. 联网设备的安装

路由器和协议转换器放置在机柜内对应的托盘上，根据机柜图纸设计从上到下依次为路由器、RJ－45 防雷、通道防雷和协议转换器。其中通道防雷与协议转换器放置在同一层，通道防雷放置在协议转换器的背面。RJ－45 防雷所在层可用于放置协议转换器输出到路由器的 V.35 电缆。交换机通常使用上架式，根据机柜图纸安装在机柜中部，占用 1U 空间，下方需留出 1U 补空用于走线。

需要注意电源线的配置方式。路由器和交换机的电源线在机柜中有预留，如长度受限可考虑将路由器的电源线沿内侧的走线架进入托盘，而不走外侧的走线槽。协议转换器的工作电源由机柜 C0 层的 9 V 开关电源提供。当安装协议转换器时，需将电源变压器插头的输出配线接电源插头的配线，注意配线上有正负标志，线上有一段一段的白色标记的线为正，连接的是插头的中心线；没有标记的线为负，连接插头的外圈。

7. 显示器打印机的安装

对于显示器和监测主机放置在机柜内部的机柜，19 寸显示器使用螺丝固定在机柜的安装支架上，显示器背面的托盘用于放置监测打印机，因此，在显示器走线布置上需注意不能从托盘上方跨过，而是沿着托盘的边缘布到机柜两侧。监测打印机放置在显示器背面的托盘上，摆放方式为正面向后摆放，需要注意打印机的电源线，须布到打印机背面，因此，电源线只能沿内部固定架绑扎固定。打印机的数据线为 USB 线，而工控机的 USB 接口在机柜前方，因此，USB 配线只能从工控机下方的网线出线孔穿到前部。机柜内视图如图 1-5 所示。

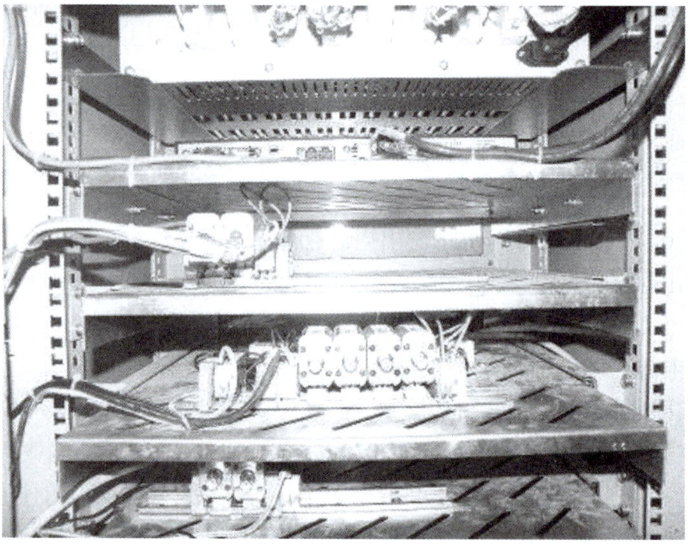

图 1-5　机柜内视图

8. 机柜安装

（1）机柜安装要根据设计图纸标定的设备位置进行安装，机柜安装位置和排列顺序应符合设计规定，不得随意调换机柜的位置。

（2）按设计图纸在地板上测量出机柜位置，并画出框线。

（3）机柜安装要求整齐、牢固，颜色协调美观；机柜应垂直于地面，横平竖直，高低一致，底部着地不悬空，每行、每列在同一直线上，同类机架端子应在同一水平面上。

（4）机柜与机柜侧面对齐，应用镀锌螺栓固定，柜与柜之间连接密贴。当连接孔无法对齐，必须钻孔时，要采取措施防止铁屑掉入机柜内部。

（5）按设计图纸标定的尺寸确定机柜与墙壁间的净空距离（不得小于 1 m），以及排与排之间的距离，应留有足够空隙，保证人员通过和设备器材搬运，并在紧急情况下便于疏散撤离。

（6）机柜底座对应的防静电地板下面要安装角钢支架，并能调整高度，机柜承重点尽可能安装在防静电地板的龙骨上，以提高机柜安装的稳定性。

9. 课堂练习

（1）根据现场机柜填写综合采集层示意图。

综合采集层										
	C1–D0	C1–D1	C1–D2	C1–D3	C1–D4	C1–D5	C1–D6	C1–D7	C1–D8	C1–D9

（2）根据现场机柜填写道岔采集层示意图。

道岔采集层										
	C1–D0	C1–D1	C1–D2	C1–D3	C1–D4	C1–D5	C1–D6	C1–D7	C1–D8	C1–D9

1.3.4 工作任务

表 1–7 为任务说明表。

表 1–7 任务说明表

任务	完成高铁车站集中监测机柜设备安装
沟通	开展专题讨论，讨论完成该任务应该具备哪些知识，准备哪些工具
准备	学生采用随机的形式分组，组内做好分工，准备好工具，明确工作进度和要求
实施	步骤： 1. 认识机柜上的设备； 2. 依据机柜布置图，完成设备的安装

1.3.5 工作单

表 1-8 为工作单。

表 1-8 工作单

班级：　　姓名：　　学号：　　完成时间： 任务名称：	
沟通	操作名称与描述： 完成情况：
准备	操作名称与描述： 完成情况：
实施	绘制第一步： 操作名称与描述： 完成情况： 绘制第二步： 操作名称与描述： 完成情况：
整理	操作名称与描述： 完成情况：

1.3.6 准备工作

1. 扫码看课

2. 准备工具

表 1–9 为工具材料表。

表 1–9　工具材料表

工具	材料	设备
螺丝刀	阻燃软线	监测站机
剥线钳	焊锡	
斜口钳		
钢丝钳		
电烙铁		

1.3.7　工作实施

1. 分组

表 1–10 为分组表。

表 1–10　分组表

<table>
<tr><td>班级</td><td></td><td>组号</td><td></td><td>组长</td><td></td></tr>
<tr><td rowspan="4">组员</td><td>姓名</td><td>角色</td><td colspan="2">姓名</td><td>角色</td></tr>
<tr><td></td><td></td><td colspan="2"></td><td></td></tr>
<tr><td></td><td></td><td colspan="2"></td><td></td></tr>
<tr><td></td><td></td><td colspan="2"></td><td></td></tr>
</table>

2. 工作流程

课前：学生扫描 1.3.6 节中的二维码开展自学。

课中：教师对学生进行分组后，带领学生进入实训室集中监测设备前，学生对综合采集层进行认识。

课后，学生录制视频，相互学习，巩固知识。

3. 工作实施

① 确定小组人员，按照教师要求，按小组进行讨论学习。

② 相互配合录制设备介绍视频，完成教学目标。

③ 录制道岔采集层的安装视频。

4. 检验完成情况

① 采用抢答的方式，各小组对教师提出的问题进行抢答，掌握设备布置、作用及指示灯含义。

② 学生利用课中、课后时间录制集中监测道岔采集层设备介绍视频。

③ 学生需录制施工视频。

1.3.8 评价反馈

1. 评价流程

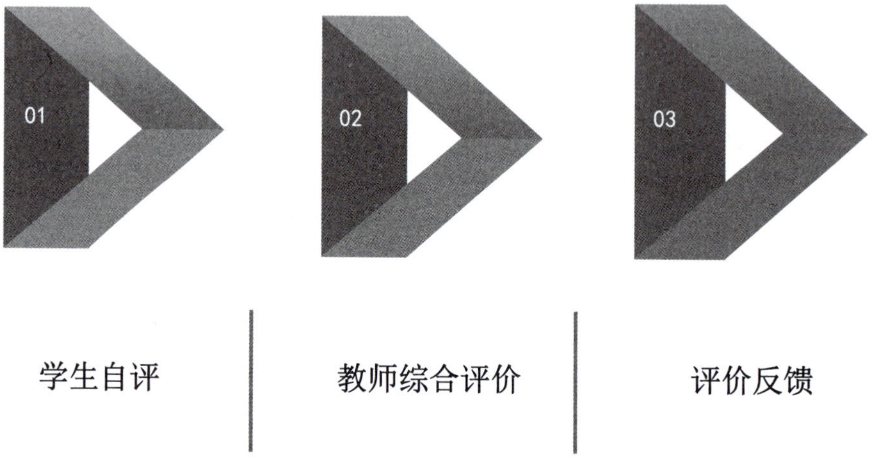

2. 评价表

表 1-11 为任务评价表。

① 学生自评，并将结果填入学生自评栏中。

② 教师对学生工作过程与工作结果进行评价，并将评价结果填入教师综合评价栏中。

表 1-11 任务评价表

项目 1 认识高铁信号集中监测		任务 1.3 组装车站监测机柜设备		
班级：		姓名：	学号：	
一、学生自评				
序号	项目评价	评价标准	分值	得分
1	设备名称	能正确说出设备名称	20	
2	各板卡的作用	能正确说出各板卡的作用	20	
3	板卡指示灯的含义	能正确说出板卡指示灯的含义	20	
4	设备安装	能根据图纸正确安装设备	20	
5	工作质量	能按计划完成任务	10	
6	协调能力	与小组成员之间能合作交流，协调工作	10	

续表

二、教师综合评价				
班级：		姓名：	学号：	
	项目评价	评价标准	分值	得分
考勤（10%）		未出现无故迟到、早退、旷课现象	10	
工作过程（90%）	设备名称	能正确说出设备名称	10	
	各板卡的作用	能正确说出各板卡的作用	10	
	板卡指示灯的含义	能正确说出板卡指示灯的含义	10	
	设备安装	能根据图纸正确安装设备	20	
	工作态度	态度端正，工作认真，对不会的问题能主动提问	10	
	工作完整	能按时完成任务	5	
	工作规范	能按规范要求完成任务	5	
	成果展示（视频）	能准确表达、汇报工作成果	20	
综合评价	自评（40%）	教师评价（60%）	综合得分	

任务 1.4　调试监测机柜设备

1.4.1　任务导入

某年某月 A 车站，在集中监测设备施工中已经完成了车站监测机柜的安装，接下来需要完成监测机柜的上电调试，如果你作为施工负责人，应注意哪些重点任务？

1.4.2　任务目标

知识目标	1. 知道车站监测机柜各板卡的名称 2. 知道车站监测机柜各板卡指示灯的含义
能力目标	1. 能够说出车站监测机柜各板卡的名称 2. 能够说出车站监测机柜各板卡指示灯的含义 3. 能完成车站监测机柜调试
素质目标	1. 培养学生认识新事物的能力 2. 培养学生自主学习的能力 3. 培养学生攻坚克难的精神

1.4.3 任务分析

本次任务包含：1 个知识点（机柜上板卡指示灯的含义）和 1 个技能点（机柜板卡跳线安装）。

1. 板卡功能及指示灯

1）开入板（5 V/24 V）

开入板正面最上方并排的两个灯为电源灯和工作灯，正常情况下电源灯常亮，工作灯闪烁。

往下为两组显示灯，一组 6 个，另一组 8 个。各种组合共显示开入板采集输入的 48 个开关量状态。上面 6 个灯，每个灯对应 1 组 8 个位。即当上面第 1 个灯亮时，下面的 8 个灯的状态表示开入板的第 1～8 个采集的输入状态，当上面第 2 个灯亮时，下面 8 个灯表示第 9～16 个采集的输入状态，依次类推。当开入板正常工作时，上一组的 6 个灯依次循环检测，同时下一组的 8 个灯分别对应显示各组采集状态。

2）模入板

模入板前面板为电源灯与工作灯，正常电源灯常亮，工作灯闪烁。

模入板使用道岔采集层的 12 V 直流电源，其端子输入量程为 0～5 V，其负端固定连接采集的 12 V GND。

模入板输入类型分电压型和电流型两种，分别对接对应类型输出的采集模块。在模入板上可通过每个端口的跳线进行设置。

电压型输出指模块输出与接收设备无关，即使输出端开路，其上的电压仍然为实际数值。

电流型输出指模块输出与输出回路中电流大小有关，当输出端开路时，输出口电压为高值。只有在接收端挂接相应的匹配电阻时，输出电压在回路上产生压降，从而变成实际的数值。

在接收端电压型与电流型的区别就在于，电压型不需并接匹配电阻，而电流型需要并接匹配电阻。

3）CPU 板

CPU 板收集各采集层的采集信息，整理后上传给微机监测主机。

CPU 板前面板有电源灯和工作灯。正常情况下电源灯常亮，工作灯闪烁。

下方为两个 CAN 通信的收发灯，当监测程序正常运行时，收发灯闪烁。

2. 采集机电源

采集机电源分综合层和开关量采集层两种，每层都能独立向外提供电源，综合采集机电源主要有综合正负 24 V：主要用于绝缘测试继电器吸起的驱动电源，部分用于环境监测报警采集。正常 24 V 电源输出应保持在 24～25 V。综合正负 12 V：主要用于灯丝漏流测试单元的测试电源，也用于环境监测的温湿度采集。正常 12 V 电源对 12 V GND 均应在 12～13 V。

从图 1-6 可见，除了往外输出的正负 12 V 和 24 V 外，采集机上还有 5V 和 5I 两种电源，5V 电源用于采集的板子供电，5I 用于 CAN 通信供电。两种电源正常均应在 5～5.5 V，过低将影响 CPU 板工作及 CAN 通信。当电源输出外线短路或电源无输出时，上面对应的电源灯会灭灯。可根据点灯状况来判别对应的电源是否存在问题。

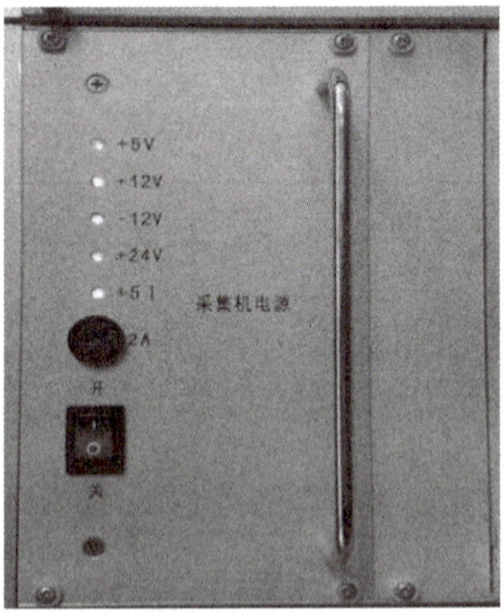

图 1–6　采集机电源

3. 机柜安装调试注意事项

当遇到特殊情况时，现场的机柜可能没有安装完全，需要临时在现场安装部分机柜设备或修改机柜设备的设置。

1）5 V、12 V 和 9 V 开关电源

5 V、12 V 和 9 V 开关电源安装在机柜 C0 层内部，需将机柜前面板拆下来，用螺丝固定在 C0 层内的托板上。机柜内预留了 3 个开关电源的 220 V 交流输入线，以及各自的输出线。对于最新的监测机柜，电源保险是加在 220 V 输入端，而不是之前的输出端，保险端子固定在 C0 层背面板上，3 组电源保险的输入环接在一起。5 V 和 12 V 电源的输出线接在 C0–D2 的对应端子上，9 V 的输出线直接接 C0–D1 的 01–18 和 03–18。综合采集层安装综合采集，需放置在 C1 层，并接上输入电源。需注意以下内容：CAN 通信连接，综合层使用 CAN 通信与监测主机连接。需要注意的是，综合层机笼内部输出到背面端子的 CAN 线的 CANH 和 CANL 的配置，通常默认棕色为 CANH，黄色为 CANL，如图 1–7 所示，但有时工厂配线的颜色有错，因此，必须根据配线上的标记进行更换。通常默认奇数端子为 CANH，偶数端子为 CANL。

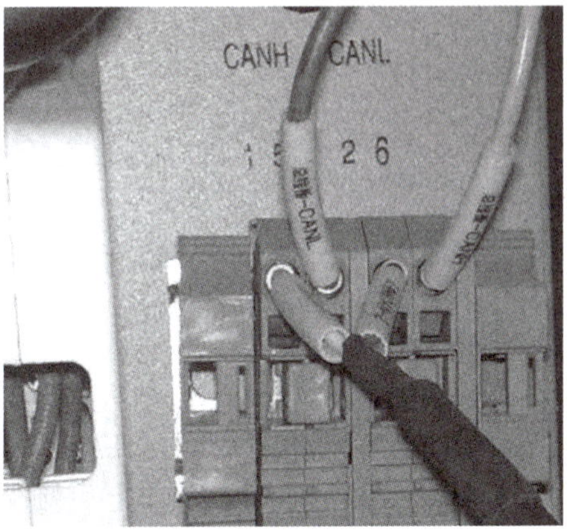

图 1–7　综合层 CAN 通信配线图

2）模入板跳线

模入板通常只使用第 24 路，用于接灯丝漏流单元的输出。而灯丝漏流单元的输出为电压型输出，因此，必须将模入板上第 24 路的跳线跳空，变为电压型输入方可，如图 1－8 所示。

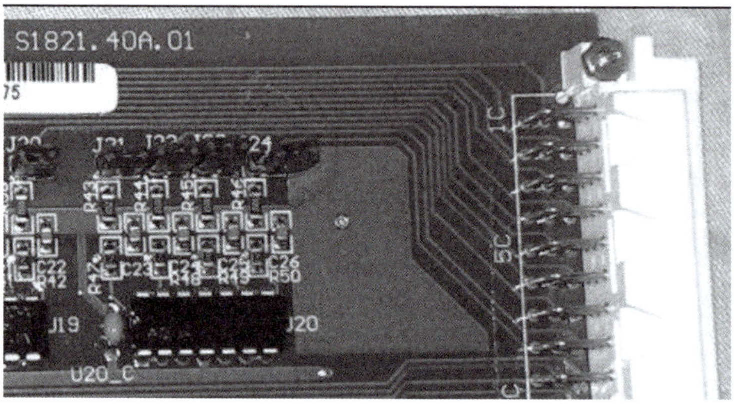

图 1－8　模入板跳线图

3）开入板跳线

综合层 C1－D2 上的开入板通常只用于采集熔丝报警，因使用同一路熔丝报警电源，因此，可以将开入板上右侧的两个环线跳线都跳上，如图 1－9 所示。这个环线用于将开入板的 a17、b17、c17 这 3 个端子环在一起，这 3 组环线端子各对应开入板的 16 路输入，a17 对应第 1～16 路，b17 对应第 33～48 路，c17 对应第 17～32 路，即一块开入板可分采 3 种不同电性的 24 V 直流电源，这个特性可根据现场需要自由调整。而 RBF 环线通常接在 a17 上，将跳线跳上后，开入板的 48 路输入都共用一个熔丝报警电源。

图 1－9　采集单元拨键图

4）开出板环线

每块开出板的 a17 用于接综合－24 V 直流电源，b17 接综合+24 V 直流电源，通常从 C0－D1－01－1（+24 V）、C0－D1－03－1（－24 V）上引接配线，当有多个开出板时，各开出板之间的 a17、b17 应分别环在一起。

1.4.4　任务实施

表 1－12 为任务说明表。

表 1－12　任务说明表

任务	完成高铁车站集中监测机柜的调试
沟通	开展专题讨论，讨论完成该任务应该具备哪些知识、准备哪些工具
准备	学生采用随机的形式分组，组内做好分工，准备好工具，明确工作进度和要求
实施	步骤： 1. 熟悉板卡指示灯的含义 2. 认识机柜上各板卡，并完成跳线的调整 3. 完成监测机柜的调试工作

1.4.5　工作单

表 1－13 为工作单。

表 1－13　工作单

班级：　姓名：　学号：　完成时间： 任务名称：	
沟通	操作名称与描述： 完成情况：
准备	操作名称与描述： 完成情况：
实施	第一步操作： 操作名称与描述： 完成情况： 第二步操作： 操作名称与描述： 完成情况：
整理	操作名称与描述： 完成情况：

1.4.6 准备工作

1. 扫码看课

2. 准备工具

表 1–14 为工具材料表。

表 1–14 工具材料表

工具	材料	设备
螺丝刀	阻燃软线	监测站机
剥线钳	焊锡	
斜口钳		
万用表		
电烙铁		

1.4.7 工作实施

1. 分组

表 1–15 为分组表。

表 1–15 分组表

<table>
<tr><td>班级</td><td></td><td>组号</td><td></td><td>组长</td><td></td></tr>
<tr><td rowspan="4">组员</td><td>姓名</td><td>角色</td><td colspan="2">姓名</td><td>角色</td></tr>
<tr><td></td><td></td><td colspan="2"></td><td></td></tr>
<tr><td></td><td></td><td colspan="2"></td><td></td></tr>
<tr><td></td><td></td><td colspan="2"></td><td></td></tr>
</table>

2. 工作流程

课前：学生扫描 1.4.6 节中的二维码开展自学。

课中：教师将学生进行分组后，带领学生进入实训室集中监测设备前，让学生认识综合采集层、道岔采集层。

课后，学生相互配合录制视频，相互学习，巩固知识。

3. 工作实施

① 确定小组人员，按照教师要求，按小组进行讨论学习。

② 相互配合录制设备介绍视频，完成教学目标。

③ 完成综合层与监测主机的连接。

④ 完成模入板跳线连接。

⑤ 完成开入板跳线连接。

⑥ 完成开出板环线连接。

4. 检验完成情况

① 采用抢答的方式，各小组对教师提出的问题进行抢答，掌握设备布置、作用及指示灯的含义。

② 学生利用课中、课后时间录制集中监测综合采集层设备介绍视频。

③ 学生需录制调试视频。

1.4.8　评价反馈

1. 评价流程

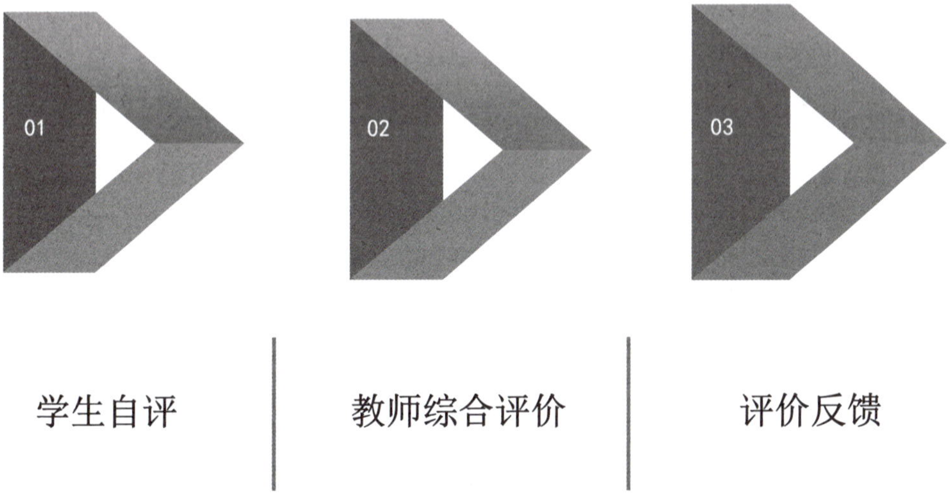

2. 评价表

表 1－16 为任务评价表。

① 学生自评，并将结果填入学生自评栏中。

② 教师对学生工作过程与工作结果进行评价，并将评价结果填入教师综合评价栏中。

表 1–16　任务评价表

<table>
<tr><td colspan="3">项目 1　认识高铁信号集中监测</td><td colspan="3">任务 1.4　调试监测机柜设备</td></tr>
<tr><td colspan="6">班级：　　　　姓名：　　　　学号：</td></tr>
<tr><td colspan="6">一、学生自评</td></tr>
<tr><td>序号</td><td>项目评价</td><td colspan="2">评价标准</td><td>分值</td><td>得分</td></tr>
<tr><td>1</td><td>设备名称</td><td colspan="2">能正确说出设备名称</td><td>20</td><td></td></tr>
<tr><td>2</td><td>各板卡的作用</td><td colspan="2">能正确说出各板卡的作用</td><td>20</td><td></td></tr>
<tr><td>3</td><td>板卡指示灯的含义</td><td colspan="2">能正确说出板卡指示灯的含义</td><td>20</td><td></td></tr>
<tr><td>4</td><td>设备安装</td><td colspan="2">能根据图纸正确安装设备</td><td>20</td><td></td></tr>
<tr><td>5</td><td>工作质量</td><td colspan="2">能按计划完成任务</td><td>10</td><td></td></tr>
<tr><td>6</td><td>协调能力</td><td colspan="2">与小组成员之间能合作交流，协调工作</td><td>10</td><td></td></tr>
<tr><td colspan="6">二、教师综合评价</td></tr>
<tr><td colspan="6">班级：　　　　姓名：　　　　学号：</td></tr>
<tr><td></td><td>项目评价</td><td colspan="2">评价标准</td><td>分值</td><td>得分</td></tr>
<tr><td colspan="2">考勤（10%）</td><td colspan="2">未出现无故迟到、早退、旷课现象</td><td>10</td><td></td></tr>
<tr><td rowspan="8">工作过程（90%）</td><td>设备名称</td><td colspan="2">能正确说出设备名称</td><td>10</td><td></td></tr>
<tr><td>各板卡的作用</td><td colspan="2">能正确说出各板卡的作用</td><td>10</td><td></td></tr>
<tr><td>板卡指示灯的含义</td><td colspan="2">能正确说出板卡指示灯的含义</td><td>10</td><td></td></tr>
<tr><td>设备安装</td><td colspan="2">能根据图纸正确安装设备</td><td>20</td><td></td></tr>
<tr><td>工作态度</td><td colspan="2">态度端正，工作认真，对不会的问题能主动提问</td><td>10</td><td></td></tr>
<tr><td>工作完整</td><td colspan="2">能按时完成任务</td><td>5</td><td></td></tr>
<tr><td>工作规范</td><td colspan="2">能按规范要求完成任务</td><td>5</td><td></td></tr>
<tr><td>成果展示（视频）</td><td colspan="2">能准确表达、汇报工作成果</td><td>20</td><td></td></tr>
<tr><td rowspan="2">综合评价</td><td>自评（40%）</td><td>教师评价（60%）</td><td colspan="3">综合得分</td></tr>
<tr><td></td><td></td><td colspan="3"></td></tr>
</table>

课后作业

1. 在调试过程中，如何判断出板卡故障并解决呢？

提示：通过板卡上的指示灯判断板卡故障。每块板上均有电源和工作两个指示灯。在正常工作时，各板的电源灯稳亮，工作灯周期闪烁。各采集板均受 CPU 板集中控制，当出现所有采集板只亮电源灯而工作灯不正常时，可检查 CPU 是否损坏。当同一层的采集板只有部分显示工作正常，另一部分工作灯不显示时，需检查 CPU 板的芯片程序是否正确。

2. 开入板数据指示灯状态如图 1–10 所示，请说明其含义。

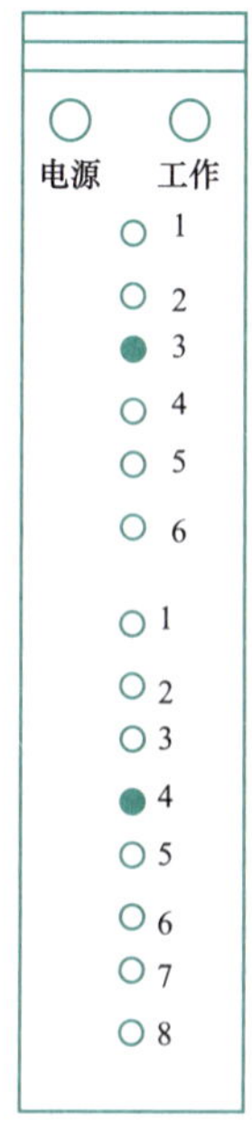

图 1–10　开入板数据指示灯状态

任务 1.5　认识机柜零层及零层配线

1.5.1　任务导入

某年某月 A 车站，在集中监测设备施工中需要完成机柜零层配线，如果你作为施工负责人，应注意哪些问题？

1.5.2　任务目标

知识目标	1. 认识机柜零层结构及配置 2. 识读机柜零层配线图
能力目标	1. 能够看懂机柜零层配线图 2. 能够完成机柜零层电源配线
素质目标	1. 培养学生认识新事物的能力 2. 培养学生精益求精的工匠精神 3. 培养学生协作意识

1.5.3 任务分析

本次任务包含：1 个知识点（监测机柜上的电源类型）和 1 个技能点（监测机柜电源配线）。

信号集中监测机柜上有综合采集层设备、道岔采集层设备、交换机、光纤转换器、路由器、集线器、通信接口分机、12 V 大功率电源等设备，这些设备均需要 220 V 供电的设备。

电源屏提供集中监测输出端子，电源屏至监测机柜输入 220 V 电源线采用 2.5 mm^2 两芯护套线缆，接入集中监测机柜零层输入电源端子。零层电源端子有两种，一种带一个空开，用于 UPS 由电源屏提供的模式，另一种带两组空开，用于 UPS 由监测机柜自带的模式。如图 1-11 所示画圈位置，从电源屏引出的电源线接到 220 V 输入端子上即可。其他 220 V 输出的配线在施工设计图纸上都有明确标示。

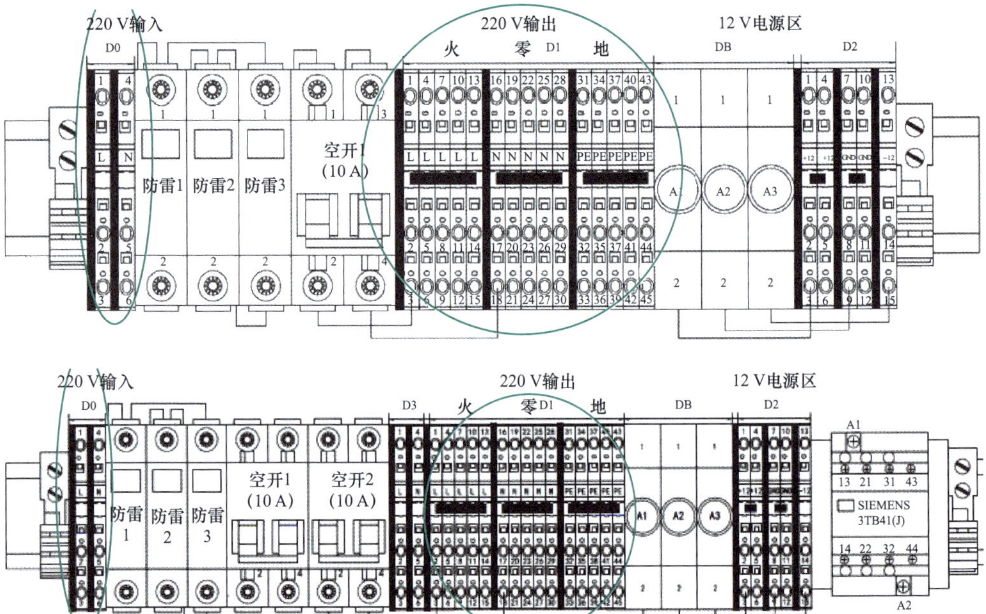

图 1-11　电源配线图

220 V 电源由电源屏引出，送到监测机柜零层 D0 端子，经空开后接到零层 D1 端子，再根据具体需要连接相应设备。信号集中监测在机械室组合架上的监测采集单元需要+12 V 和-12 V 两路电源，该电源由 12 V 大功率电源提供，送到零层 D2 端子上后，根据需要连接相应设备。现场施工和维护人员均应看懂配线图，找到相应的供电电源。对于 12 V 电源安装在机柜中的方式，从零层的电源 WAGO 端子有配线至 C0-D3 上，外接的电源配线均可从 C0-D3 上输出。有的施工单位想使用零层环接配线的方式引接 12 V 大功率电源，即将 12 V 电源转接到组合架零层的大配线端子上，再从零层端子向各采集单元集中配线。

这种方式需注意，机柜引出的电源线，线芯截面积不得小于 2.5 mm^2，以降低电源线上电阻产生的电压压降，必要的时候使用双线输出。同时这种引出到组合架零层的电源线，必须从零层的 12 V 电源保险输出的第一片端子上配线，不能从后续的端子引接，更不能从 C0–D3 的电源端子配线。因为只有零层的电源 WAGO 端子能配置 4 mm^2 电源线。同时相邻 WAGO 端子片之间通过跳环线连接，环线的接触点在输出大电流时会产生接触电阻造成压降，从而影响加到所有模块上的 12 V 电源的大小。图 1–12 为 C0 层示意图。

图 1–12　C0 层示意图

信号集中监测机柜 C0 层组合前面板内部安装一个 5 V 开关电源，主要提供采集道岔 1 启动继电器状态的开关量采集模块工作用电。C0 层后面板上安装两个 5 A 的保险，用于接内部 5 V 开关电源的输出。另一旁为 3 个 3×18 柱端子，其中 D3 为预留，D1 和 D2 为机柜电源输出转接端子。道岔电流采集、绝缘测试等设备的工作直流电均由此引出配线。图 1–13 为 C0 层组合配线图。

C0–D1			
	03	02	01
1	C1–D4–d–17		C1–D4–b–17
2	综合–24 V C1–D0–d–10		综合+24 V C1–D0–z–10
3			
4			
5			
6			
7	C1–D0–d–6		C1–D0–z–6
8	综合12 V GND		综合+12 V
9			
10			C1–D0–z–8
11			综合–12 V
12			
13	第二层综合采集机预留		第二层综合采集机预留
14	综合12 V GND		综合+12 V
15			
16			第二层综合采集机预留
17			综合–12 V
18			

C0–D2			
	03	02	01
1	道岔层开入板5 V地环线开关量采集器–2		开关量采集器–1
2	C0层5 V GND保险输出		C0层+5 V保险输出
3			
4			
5			
6			
7	C2–D0–d–6		C2–D0–z–6
8	道岔12 V GND		道岔+12 V
9			
10			C2–D0–z–8
11			道岔–12 V
12			
13	第二层道岔采集机预留		第二层道岔采集机预留
14	道岔12 V GND		道岔+12 V
15			
16			第二层道岔采集机预留
17			道岔–12 V
18			

C0–D3			
	03	02	01
1	开关量采集机预留 24 V–		开关量采集机预留 24 V+
2			
3			
4			
5			
6			
7	第二层综合采集机预留 24 V–		第二层综合采集机预留 24 V+
8			
9			
10			
11			
12			
13			
14			
15			
16			
17			
18			

图 1–13　C0 层组合配线图

1.5.4　准备工作

1. 扫描看课

1.5.5 任务实施

表 1－17 为任务说明表。

表 1－17 任务说明表

任务	监测机柜电源配线
沟通	开展专题讨论，讨论完成该任务应该具备哪些知识，准备哪些工具
准备	学生采用随机的形式分组，组内做好分工，准备好工具，明确工作进度和要求
实施	步骤： 1. 熟悉监测机柜设备 2. 看懂监测机柜电源配线图 3. 完成监测机柜电源配线工作

1.5.6 工作单

表 1－18 为工作单。

表 1－18 工作单

班级： 姓名： 学号： 完成时间： 任务名称：	
沟通	操作名称与描述： 完成情况：
准备	操作名称与描述： 完成情况：
实施	第一步操作： 操作名称与描述： 完成情况： 第二步操作： 操作名称与描述： 完成情况：
整理	操作名称与描述： 完成情况：

1.5.7　工作实施

1. 分组

表 1–19 为分组表。

表 1–19　分组表

<table>
<tr><td>班级</td><td colspan="2"></td><td>组号</td><td></td><td>组长</td><td></td></tr>
<tr><td rowspan="4">组员</td><td>姓名</td><td colspan="2">角色</td><td colspan="2">姓名</td><td>角色</td></tr>
<tr><td></td><td colspan="2"></td><td colspan="2"></td><td></td></tr>
<tr><td></td><td colspan="2"></td><td colspan="2"></td><td></td></tr>
<tr><td></td><td colspan="2"></td><td colspan="2"></td><td></td></tr>
</table>

2. 准备工具

表 1–20 为工具材料表。

表 1–20　工具材料表

工具	材料	设备
螺丝刀	阻燃软线	监测站机
剥线钳	焊锡	
斜口钳		
钢丝钳		
电烙铁		

3. 工作流程

施工图识读 → 施工图原理分析 → 设备对位

施工图识读：
1. 分组
2. 识图
3. 提出问题

施工图原理分析：
1. 小组成员讨论
2. 派出组员讲解

设备对位：
1. 根据施工图找出设备及接线位置

4. 工作实施

① 确定小组任务，按照教师要求，按小组进行讨论。

② 举例进行讲解，确定最终完成的目标。

③ 根据图纸内容完成设备零层配线安装。

图 1–14 为零层配线图，图 1–15 为电源零层配线图。

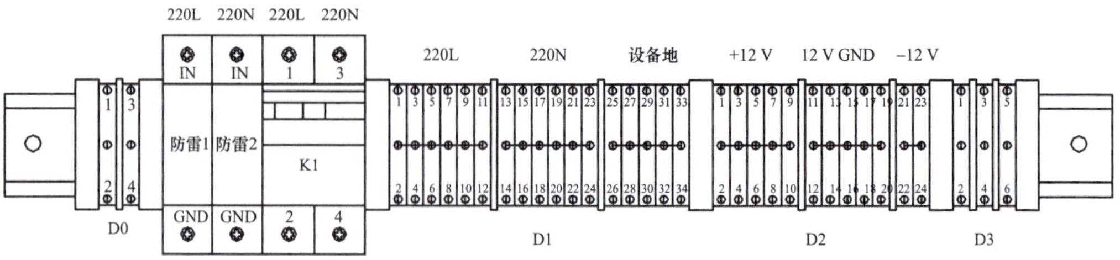

图 1-14　零层配线图

机柜用电电源输入配线

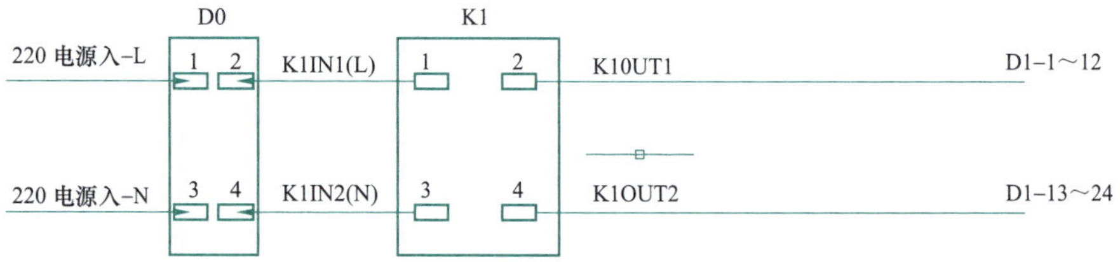

D0配线		
端子	配线	类型
D0-1	输入220L	
D0-3	输入220N	
D0-2	防雷1-IN	1.5 mm^2 两芯护套线
D0-4	防雷2-IN	
防雷配线		
端子	配线	类型
防雷1-IN	D0-2，K1-1	1.5 mm^2 两芯护套线
防雷2-IN	D0-4，K1-3	
防雷1-GND	地线汇流条	1.5 mm^2 黄绿双色线
防雷2-GND	地线汇流条	
K1配线		
端子	配线	类型
K1-1	防雷1-IN	1.5 mm^2 两芯护套线
K1-3	防雷2-IN	
K1-2	D1-2	1.5 mm^2 两芯护套线
K1-4	D1-14	

D1配线		
端子	配线	类型
D1-2	K1-2	1.5 mm^2 两芯护套线
D1-14	K1-4	
D1-1	C0电源灯220-L	1.5 mm^2 两芯护套线
D1-13	C0电源灯220-N	

D1配线		
端子	配线	类型
D1–4	C1，C2层220–L	1.5 mm² 两芯护套线
D1–16	C1，C2层220–N	
D1–6	C3层NPC220–L	1.5 mm² 三芯护套线 配3芯电源母插头
D1–18	C3层NPC220–N	
D1–37	C3层NPC220–N	
D1–7	C4层交换机，光纤转换器220–L	1.5 mm² 两芯护套线
D1–19	C4层交换机，光纤转换器220–N	
D1–9	C4层N–PORT220–L	1.5 mm² 两芯护套线
D1–21	C4层N–PORT220–N	
D1–8	C5层通信接口分机220–L	1.5 mm² 三芯护套线 配3芯电源母插头
D1–20	C5层通信接口分机220–N	
D1–30	C5层通信接口分机220 GND	
D1–10	C6层路由器，C8层集线器220–L	两根1.5 mm² 三芯护套线 各配3芯电源母插头
D1–22	C6层路由器，C8层集线器220–N	
D1–32	C6层路由器，C8层集线器220 GND	
D1–12	C11层12 V直流大功率电源220–L	1.5 mm² 三芯护套线 配3芯电源母插头
D1–24	C11层12 V直流大功率电源220–N	
D1–34	C11层12 V直流大功率电源220 GND	
D1–3	C6层9 V直流电源220–L	1.5 mm² 两芯护套线
D1–15	C6层9 V直流电源220–N	
D1–5	C0层5 V直流电源220–L	1.5 mm² 两芯护套线
D1–17	C0层6 V直流电源220–N	
D1–11	机柜外接设备用电预留220–L	根据施工图纸要求配线
D1–23	机柜外接设备用电预留220–N	
D1–29，31	机柜外接设备用电预留220 GND	
D1–26	机柜设备地进线	2.5 mm²黄绿双色线

D3配线		
端子	配线	类型
D3-1	12 V大功率电源输出+12 V	2.5 mm^2 三芯护套线
D3-3	12 V大功率电源输出12 V GND	
D3-5	12 V大功率电源输出-12 V	
D3-2	D2-2	2.5 mm^2 三芯护套线
D3-4	D2-12	
D3-6	D2-22	
D2配线		
端子	配线	类型
D2-2	D3-2	2.5 mm^2 三芯护套线
D2-12	D3-4	
D2-22	D3-6	
D2-1，3至10	监测采集单元工作电源+12 V	根据施工图纸要求配线
D2-11，13至20	监测采集单元工作电源12 V GND	
D2-21，23，24	监测采集单元工作电源-12 V	

图 1-15　电源零层配线图

5. 检验完成情况

① 每位同学应录制视频介绍图纸。

② 每个小组应录制监测机柜零层配线视频，检验具体配线完成情况。

1.5.8　评价反馈

1. 评价流程

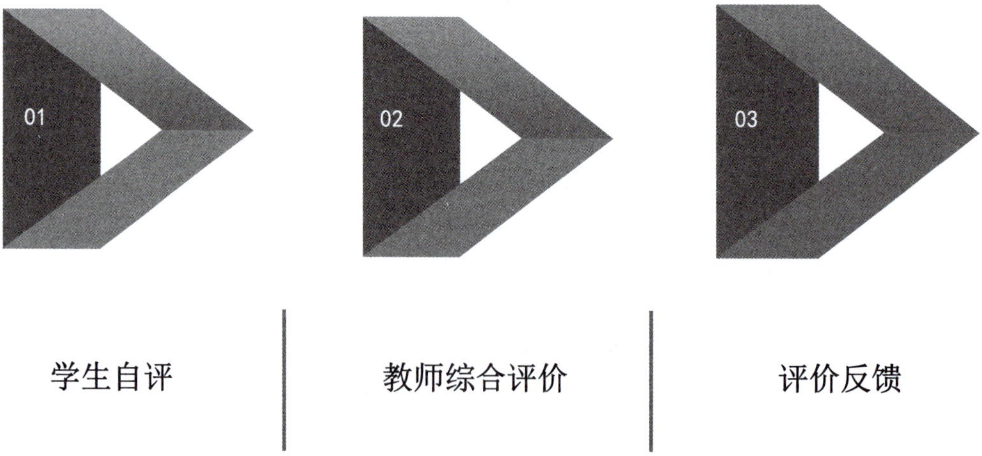

2. 评价表

表 1-21 为任务评价表。

① 学生自评，并将结果填入学生自评栏中。

② 教师对学生工作过程与工作结果进行评价，并将评价结果填入教师综合评价栏中。

表 1-21　任务评价表

<table>
<tr><td colspan="3">项目 1　认识高铁信号集中监测</td><td colspan="3">任务 1.5　认识机柜零层及零层配线</td></tr>
<tr><td colspan="6">班级：　　　　　　姓名：　　　　　　学号：</td></tr>
<tr><td colspan="6">一、学生自评</td></tr>
<tr><td>序号</td><td>项目评价</td><td colspan="2">评价标准</td><td>分值</td><td>得分</td></tr>
<tr><td>1</td><td>设备供电情况</td><td colspan="2">能正确说出机柜供电设备</td><td>20</td><td></td></tr>
<tr><td>2</td><td>电源性质</td><td colspan="2">能正确指出指定端子的电源性质</td><td>20</td><td></td></tr>
<tr><td>3</td><td>图纸讲解</td><td colspan="2">能正确介绍图纸内容</td><td>20</td><td></td></tr>
<tr><td>4</td><td>配线连接</td><td colspan="2">能根据配线图完成配线</td><td>20</td><td></td></tr>
<tr><td>5</td><td>工作质量</td><td colspan="2">能按计划完成任务</td><td>10</td><td></td></tr>
<tr><td>6</td><td>协调能力</td><td colspan="2">与小组成员之间能合作交流，协调工作</td><td>10</td><td></td></tr>
<tr><td colspan="6">二、教师综合评价</td></tr>
<tr><td colspan="6">班级：　　　　　　姓名：　　　　　　学号：</td></tr>
<tr><td></td><td>项目评价</td><td colspan="2">评价标准</td><td>分值</td><td>得分</td></tr>
<tr><td colspan="2">考勤（10%）</td><td colspan="2">未出现无故迟到、早退、旷课现象</td><td>10</td><td></td></tr>
<tr><td rowspan="5">工作过程（90%）</td><td>小组评分</td><td colspan="2">正确评价，无异议</td><td>30</td><td></td></tr>
<tr><td>工作态度</td><td colspan="2">态度端正，工作认真，对不会的问题能主动提问</td><td>5</td><td></td></tr>
<tr><td>工作完整</td><td colspan="2">能按时完成任务</td><td>5</td><td></td></tr>
<tr><td>工作规范</td><td colspan="2">能按规范要求完成任务</td><td>10</td><td></td></tr>
<tr><td>成果展示（视频）</td><td colspan="2">能准确讲清图纸内容、完成配线工作</td><td>40</td><td></td></tr>
<tr><td rowspan="2">综合评价</td><td>自评（40%）</td><td colspan="2">教师评价（60%）</td><td colspan="2">综合得分</td></tr>
<tr><td></td><td colspan="2"></td><td colspan="2"></td></tr>
</table>

课后作业

请简述下图中 C0–D2–03–5 的电源性质和用途。

C0–D1			
	03	02	01
1	C1–D4–d–17		C1–D4–b–17
2	综合–24 V C1–D0–d–10		综合+24 V C1–D0–z–10
3			
4			
5			
6			
7	C1–D0–d–6		C1–D0–z–6
8	综合12 V GND		综合+12 V
9			
10			C1–D0–z–8
11			综合–12 V
12			
13	第二层综合采集机预留		第二层综合采集机预留
14	综合12 V GND		综合+12 V
15			
16			第二层综合采集机预留
17			综合–12 V
18			

C0–D2			
	03	02	01
1	道岔层开入板5 V地 环线开关量采集器–2		开关量采集器–1
2	C0层5 V GND保险输出		C0层+5 V保险输出
3			
4			
5			
6			
7	C2–D0–d–6		C2–D0–z–6
8	道岔12 V GND		道岔+12 V
9			
10			C2–D0–z–8
11			道岔–12 V
12			
13	第二层道岔采集机预留		第二层道岔采集机预留
14	道岔12 V GND		道岔+12 V
15			
16			第二层道岔采集机预留
17			道岔–12 V
18			

C0–D3			
	03	02	01
1	开关量采集机预留 –24 V		开关量采集机预留 +24 V
2			
3			
4			
5			
6			
7	第二层综合采集机 预留 –24 V		第二层综合采集机 预留 +24 V
8			
9			
10			
11			
12			
13			
14			
15			
16			
17			
18			

项目 2

安装采集设备

任务 2.1　安装外电网综合质量监测采集设备

2.1.1　任务导入

某年某月 A 车站，在集中监测设备施工中要组织完成外电网综合质量监测采集设备安装，如果你作为施工负责人，需要如何组织施工人员完成安装，应注意哪些问题？如何安排工作？

2.1.2　任务目标

知识目标	1. 知道外电网综合质量监测设备构成 2. 知道外电网综合质量监测设备采集信息
能力目标	1. 能够说出外电网综合质量监测设备构成 2. 能够说出外电网综合质量监测设备监测原理 3. 能够完成外电网综合质量监测设备安装
素质目标	1. 培养学生认识新事物的能力 2. 培养学生劳动意识 3. 培养学生综合分析及应用的能力

2.1.3　任务分析

本次任务包含：2 个知识点（外电网监测的内容及位置和外电网质量监测原理）和 1 个技能点（外电网综合质量监测安装与调试）。

1. 监测必要性

外电网综合质量监测的采集对象为外电网输入电压和电流，并计算频率、相位角、功率，提供断电、断相、错序报警信息。

外电网采集机由外电网隔离采集箱和外电网监测单元两部分组成，输出配线不能太长，在 1.5 m 以内，就近采用壁挂方式安装在电务闸刀配电箱附近，与站机以 CAN

网络线相连，供电由监测系统提供。外电网采集机采用了单独的壁挂式或座式机箱的结构，采用的结构为隔离箱+采集箱的双箱式结构，隔离采集箱安装电流采样的电流互感器和电压采样的保险与隔离电阻都为无源元件，确保隔离采集工作的稳定性，隔离采集箱外就近安装外电网监测单元，完成外电网信息的采集。

交流电流互感器安装在电源配电箱内，每个外电网电源隔离箱和外电网监测单元可以采集二路 AC 380 V 外电网或二路 AC 220 V 外电网。

监测对象：外电网两路三相电源；

监测点：外电网在机械室电源箱闸刀处；

监测内容：对外电网的相电压、线电压、电流、频率、相位角、功率等信息进行全面监测。

2. 采集原理

如图 2–1 所示，每路外电网采集使用 1 个质量采集模块，3 个开口式电流传感器。外电 380 V 采集位置在外电输入空气开关的入端，经过采集防护空开后接质量采集模块。开口式电流传感器可卡在外电输入空开的输出端，每个电流传感器输出两根配线接直流采集模块，输出配线分正负，接反将影响功率的计算。

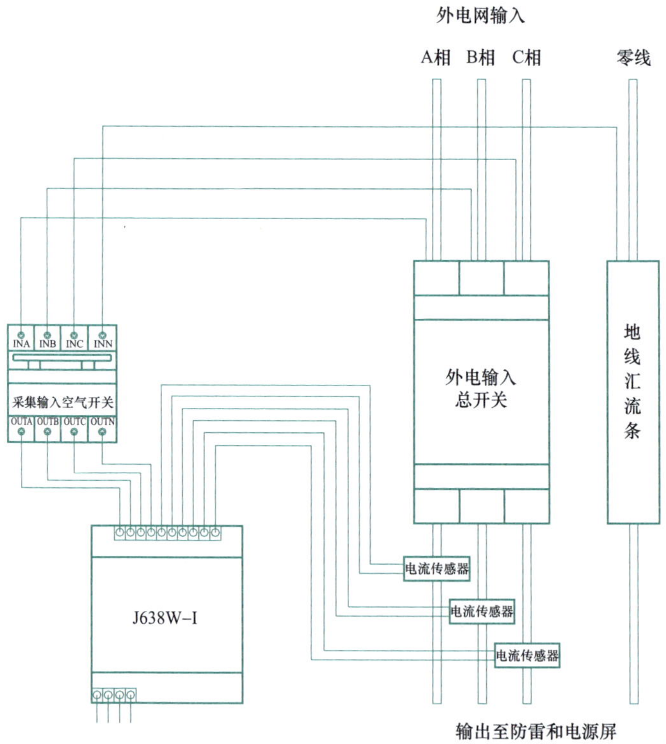

图 2–1　外电网采集原理图

从图 2–1 可以看出采样线缆的采集位置，而且在外电网质量综合采集测试仪的门内侧也贴有一个配线端子说明，而这个端子配线说明与施工设计图纸上是一样的。Ⅰ、Ⅱ路电流输入分别接电流传感器上的两根输出线，红线为+，黑线为–，外电网一路与二路的 A、B、C 三项要严格按照配线图接，不能错序。

3. 外电网综合质量测试仪安装

外电网综合质量测试仪安装在室内外电网配电箱（信号电源防雷箱）旁边，一般固定在墙壁上，当配电箱位于组合架上时，测试仪也安装在组合架上。外电网监测箱应安装在电力进线箱的侧面，箱的上表面与电力进线箱上表面齐平，电源防雷箱与外电网监测箱之间配线从箱体上方进入，线缆用线槽防护；电压采集的配线在电力箱内断路器输入端采集。电流采集在电源防雷箱输出端子侧，电流传感器一般可夹在输出端子至电源屏的输入配线上。图 2–2 为外电网采集示意图。

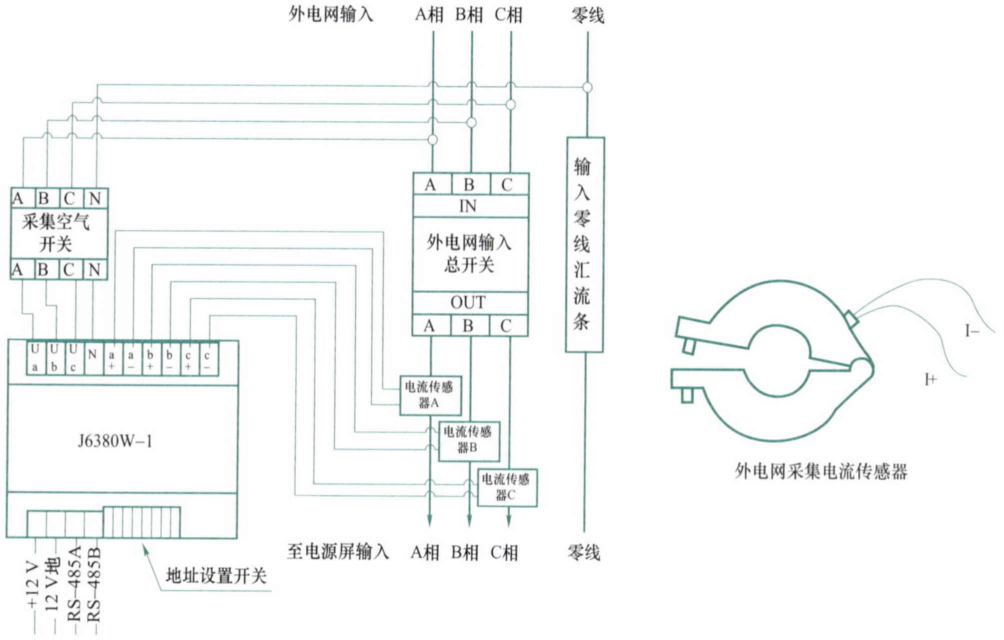

图 2–2　外电网采集示意图

电流穿心线圈的有效孔径为 18 mm，根据采集线缆的粗细及安装的方便程度，一般卡在闸刀内侧（至电源屏一侧）配线上，还应该考虑线缆直径是否能够允许卡上传感器，而且必须卡在电源负载作用线上（输出至电源屏的线缆上），因为有些车站的防雷连线和负载作用线是从同一个端子引出的，此时要注意不能将传感器卡在至电源防雷箱的线缆上。电流传感器在安装时需要注意传感器上所标的箭头方向，必须与电流方向一致，否则无法采集到数据。外电网采集电流的传感器为无源传感器，电流传感器输出配线不能太长，通常为 1～2 m。这也决定了外电网采集箱必须靠近电力进线箱安装。

一般来说外电网电源防雷箱都配有配线图，根据配线图可以确定监测采样线缆的采集位置，且在外电网质量综合采集测试仪上，也配有标准的配线端子说明，具体含义如下。

外电网监测采集箱的壳体应进行安全防雷接地。当电流输入时，Ⅰ、Ⅱ路电流输入分别接电流传感器上的两根输出线，红线为+，黑线为−，外电网Ⅰ路与Ⅱ路的 A、B、C 三相电要严格按照配线图进行连接，不得错序。采集箱的电源使用功率 12 V 的输出电源，其电源输出端子一般是在机柜的 C0 层（按图纸连接具体端子），采用不低于 1 mm² 多股线缆，注意端子电源分为正负两极，使用时不得接反。采集数据输出用 RS－485 通信线，采用 0.4 mm² 双绞屏蔽线缆，屏蔽层在外电网箱一侧单端接地。直接接机柜内的通信前置机（根据各项目施工图纸要求），最后与组合侧面配线连接，与其他模块通道并联，形成并联通信网络。

断路器下端为外电网质量测试仪内部配线，上端为采集外电网电压配线，采集配线使用 1.5 mm² 塑胶阻燃软线，A、B、C 三相电的相序要与断路器上的标识一一对应，不可错序。电压采集配线使用 1.5 mm² 塑胶阻燃软线。采集箱内配线位置根据图纸说明，不得配错。电压采集与电流采集的 A、B、C 相极性不能交叉，完全一一对应。

4. 工程设计与所用设备

所用设备为外电网电源隔离箱和外电网监测单元，二者为成套设备，每套设备可以采集 2 路交流 380 V 外电网或 2 路交流 220 V 外电网。如果需要监测的外电的数量超过两路，则可通过增加一套该外电网监测设备来实现。监测 380 V 外电还是监测 220 V 外电，可通过拨码开关来实现。具体拨码方法如下：外电网监测单元有 8 个拨码开关，它们的用途是确定外电网采集单元的从机号、外电网类型和协议类型。拨码开关 1－4 用来确定外电网采集单元的从机号，见表 2－1。

表 2－1　拨码开关指示表（一）

拨码开关位置				代表的从机号	备注
4	3	2	1		
OFF	OFF	OFF	OFF	0C	从机号默认从 0C 开始依次加 1，如果不与别的厂家的从机号重复，优先将第一个外电网采集单元设为 0C，第二个、第三个外电网采集单元设为 0D、0E 等
OFF	OFF	OFF	ON	0D	
OFF	OFF	ON	OFF	0E	
OFF	OFF	ON	ON	0F	
OFF	ON	OFF	OFF	10	
OFF	ON	OFF	ON	11	
OFF	ON	ON	OFF	12	
OFF	ON	ON	ON	13	
ON	OFF	OFF	OFF	14	
ON	OFF	OFF	ON	15	
ON	OFF	ON	OFF	16	
ON	OFF	ON	ON	17	
ON	ON	OFF	OFF	18	
ON	ON	OFF	ON	19	
ON	ON	ON	OFF	1A	
ON	ON	ON	ON	1B	

拨码开关 5 拨为 OFF，为空余位。

拨码开关 6 和 7 用于选择电网类型，见表 2－2。

表 2-2　拨码开关指示表（二）

拨码开关位置 7　　6	代表的外电网类型	备注
OFF　OFF	两路 380 V	每个外电网采集单元可以监测两路 380 V 或两路 220 V
OFF　ON	两路 220 V	
ON　OFF	一路 380 V	
ON　ON	一路 220 V	

拨码开关 8 用于选择 CAN 通信协议类型。

OFF：代表使用 CAN2.0B 协议，即 06 版监测的协议。

ON：代表使用 CAN1.0 协议，即 TJWX—2000 监测的协议。

5. 安装注意事项

外电网质量采集分电压和电流两部分，电压采集点在外电网输入空开的外侧，电流采集可使用开口式电流传感器夹在输入开关的输入线或输出线上采集。电流传感器为无源模块，输出配线不能太长，在 1.5 m 以内，因此，外电网质量采集箱必须安装在外电输入空开箱的附近。采集一、二路电压的 8 根线不能太细，过细的线，线间的绝缘层厚度不够，易被雷击穿。当发现三相相位角为 240° 时，说明采集到的外电错序，这存在两种可能，一是外电本身错序，二是采集线接错，因此，在将采集线加到采集端子上前，一定要核对好每路采集线的位置。当确定是外电错序时，可让电网工区的人交换其中两相即可更正。因为两路外电之间的采集是用两个分立的采集单元，二路间相互有无错序是无法判别的，可使用万用表对二路电源的 A 相对 A 相，B 相对 B 相，C 相对 C 相测量，电压接近于 0。但这种方法只对同一束高压下而分成二路的电源有用。外电网的采集电压较高，因此，禁止集中监测调试人员手动修改外电网的采集配线，修改配线必须由施工单位操作。

1）外电网质量调试过程注意事项

（1）外电网质量的调试主要是比较一、二路外电的电压和电流是否与实际测量的一致。

（2）电压的测量方式，可使用万用表的电压档逐个测量输入空开端电压与采集单元配线点上的电压是否存在电压差。如果存在电压差表示采集配线可能出错。

（3）外电网的电流采集需检查电流传感器穿芯的方向。保证孔内的电流方向与电流传感器上标注的电流方向一致。如电流传感器装在空开输入端，则传感器的箭头沿电源线指向空开输入点。如电流传感器装在空开输出端，则传感器的箭头沿电源线背里空开指向电源屏输入端。

（4）电流传感器输出的两根电源线有正负的区分，不可接反，否则计算出的相功率数值将出错。电流大小需用钳芯表测量。

（5）在外电网监测调试时需注意高压防护。

2）外电网质量采集调试要求

（1）各路电源的相电压采集与对应的外电网相电压一致。

（2）外电网断电、断相、错序报警记录正确。

（3）外电网相位角数值为 120° 左右，否则为错序。任意两相交错则相位角将都变成 240°。

（4）外电网的总功率数值正常应为三相分功率的数值之和。每相功率数值略小于相电压与相电流之积。

（5）外电网电压电流监测测试值与用标准表测的数值偏差应在 2%以内。

（6）外电网采集模块工作电压应不低于 11 V。

2.1.4 任务实施

表 2–3 为任务实施说明表。

表 2–3 任务实施说明表

任务	根据外电网采集配线图完成施工
沟通	开展专题讨论，讨论完成该任务应该具备哪些知识，准备哪些工具
准备	学生采用随机的形式分组，组内做好分工，准备好工具，明确工作进度和要求
实施	步骤： 1. 准备好实训设备及工具 2. 收集外电网综合质量标准施工照片 3. 完成外电网综合质量采集施工配线图 4. 依据配线图、标准施工工艺照片完成配线工作

2.1.5 工作单

表 2–4 为工作单。

表 2–4 工作单

班级：　　姓名：　　学号：　　完成时间： 任务名称：	
沟通	操作名称与描述： 完成情况：
准备	操作名称与描述： 完成情况：
实施	第一步： 操作名称与描述： 完成情况： 第二步： 操作名称与描述： 完成情况：
整理	操作名称与描述： 完成情况：

2.1.6　准备工作

1. 扫描看课

2. 根据外电网采集配线图完成图纸连线

图 2–3 为外电网采集配线图。

外电质量采集箱内部结构

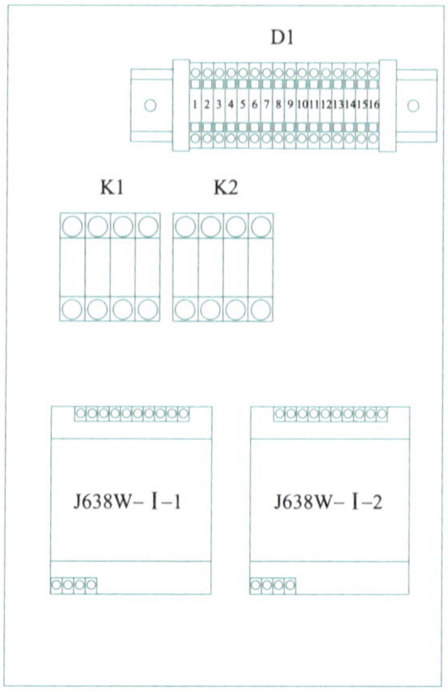

D1

序号	1	2	3	4	5	6	7	8	9	10	11	12	13	14	15	16
外线输入端子	Ⅰ路电流采集输入						Ⅱ路电流采集输入						12 V直流工作电源		RS–485通信输出配线	
	Ⅰa+	Ⅰa–	Ⅰb+	Ⅰb–	Ⅰc+	Ⅰc–	Ⅱa+	Ⅱa–	Ⅱb+	Ⅱb–	Ⅱc+	Ⅱc–	+12 V	12 V地	RS–485A	RS–485B
内部端子	J638W–Ⅰ–1						J638W–Ⅱ–2						电源环线		通信环线	
	Ⅰa+	Ⅰa–	Ⅰb+	Ⅰb–	Ⅰc+	Ⅰc–	Ⅱa+	Ⅱa–	Ⅱb+	Ⅱb–	Ⅱc+	Ⅱc–	+12 V	12 V地	RS–485A	RS–485B

K2

序号	1	2	3	4
外线输入端子	Ⅰ路电压采集输入			
	Ua	Ub	Uc	Un
内部端子	J638W–Ⅰ–1			
	Ua	Ub	Uc	Un

K2

序号	1	2	3	4
外线输入端子	Ⅰ路电压采集输入			
	Ua	Ub	Uc	Un
内部端子	J638W–Ⅰ–2			
	Ua	Ub	Uc	Un

图 2–3　外电网采集配线图

2.1.7 工作实施

1. 分组

表 2-5 为分组表。

表 2-5 分组表

<table>
<tr><td>班级</td><td></td><td>组号</td><td></td><td>组长</td><td></td></tr>
<tr><td rowspan="4">组员</td><td>姓名</td><td>角色</td><td colspan="2">姓名</td><td>角色</td></tr>
<tr><td></td><td></td><td colspan="2"></td><td></td></tr>
<tr><td></td><td></td><td colspan="2"></td><td></td></tr>
<tr><td></td><td></td><td colspan="2"></td><td></td></tr>
</table>

2. 准备工具

表 2-6 为工具材料表。

表 2-6 工具材料表

工具	材料	设备
螺丝刀	阻燃软线	监测站机
剥线钳	焊锡	监测模块
斜口钳		
钢丝钳		
电烙铁		

3. 工作流程

课前：学生扫描 2.1.6 节中的二维码进行预习。

课中：教师带学生走进实训室，对具体施工配线及工艺进行讲解后，学生进行练习。

课后：学生利用多媒体设备，相互录制施工配线过程及成品，巩固知识，掌握施工方法及配线工艺。

4. 工作实施

① 确定小组任务，由教师带领学生进入实训室，对外电网综合质量监测施工方法及配线工艺进行讲解，讲解后进行练习。

② 学生利用课余时间，分批次完成外电网综合采集配线施工，并完成视频录制工作。

5. 检验完成情况

① 采用随机提问的方式，对小组内各成员掌握情况进行检验。

② 对每位同学施工配线视频进行检验。

2.1.8 评价反馈

1. 评价流程

2. 评价表

表 2-7 为任务评价表。

① 学生自评，并将结果填入学生自评栏中。

② 教师对学生工作过程与工作结果进行评价，并将评价结果填入教师综合评价栏中。

表 2-7 任务评价表

<table>
<tr><td colspan="3">项目 2 安装采集设备</td><td colspan="3">任务 2.1 安装外电网综合质量监测采集设备</td></tr>
<tr><td colspan="6">班级： 姓名： 学号：</td></tr>
<tr><td colspan="6">一、学生自评</td></tr>
<tr><td>序号</td><td>项目评价</td><td colspan="2">评价标准</td><td>分值</td><td>得分</td></tr>
<tr><td>1</td><td>施工图纸理解</td><td colspan="2">能正确绘制出施工配线图</td><td>40</td><td></td></tr>
<tr><td>2</td><td>设备施工配线</td><td colspan="2">能积极自主地录制配线施工过程</td><td>40</td><td></td></tr>
<tr><td>3</td><td>工作质量</td><td colspan="2">能按计划完成任务</td><td>10</td><td></td></tr>
<tr><td>4</td><td>协调能力</td><td colspan="2">与小组成员之间能合作交流，协调工作</td><td>10</td><td></td></tr>
<tr><td colspan="6">二、教师综合评价</td></tr>
<tr><td colspan="6">班级： 姓名： 学号：</td></tr>
<tr><td></td><td>项目评价</td><td colspan="2">评价标准</td><td>分值</td><td>得分</td></tr>
<tr><td colspan="2">考勤（10%）</td><td colspan="2">未出现无故迟到、早退、旷课现象</td><td></td><td></td></tr>
<tr><td rowspan="5">工作过程（70%）</td><td>小组互评</td><td colspan="2">客观、公平、公正</td><td>40</td><td></td></tr>
<tr><td>工作态度</td><td colspan="2">态度端正，工作认真，对不会的问题能主动提问</td><td>5</td><td></td></tr>
<tr><td>工作完整</td><td colspan="2">能按时完成任务</td><td>5</td><td></td></tr>
<tr><td>工作规范</td><td colspan="2">能按规范要求完成任务</td><td>10</td><td></td></tr>
<tr><td>成果展示</td><td colspan="2">能正确、自主完成施工配线的任务</td><td>40</td><td></td></tr>
<tr><td rowspan="2">综合评价</td><td colspan="2">自评（40%）</td><td>教师评价（60%）</td><td colspan="2">综合得分</td></tr>
<tr><td colspan="2"></td><td></td><td colspan="2"></td></tr>
</table>

任务 2.2 实现列车信号点灯回路电流监测

2.2.1 任务导入

小李负责某站集中监测施工，发现信号机点灯电路图中未设计监测图纸内容，请你帮助小李完成设计内容。

2.2.2 任务目标

学习目标	1. 识读列车信号机点灯回路电流监测原理图 2. 认识列车信号机点灯回路电流监测采集设备 3. 识读列车信号机点灯回路电流监测配线图
能力目标	1. 能看懂监测图纸 2. 能识别列车信号机点灯回路电流监测设备，进行安装 3. 能看懂列车信号机回路电流采集原理图、组合内部配线图、侧面配线图 4. 能根据列车信号机回路电流采集组合侧面配线图完成配线 5. 能根据列车信号机回路电流采集组合内部配线图完成配线
素质目标	1. 培养学生自主学习的能力 2. 培养学生独立思考的能力 3. 培养学生团队合作的精神

2.2.3 任务分析

本次任务包含：2 个知识点（信号机灯丝回流采集原理和外电网质量监测原理）和 1 个技能点（信号机灯丝回流监测采集安装与调试）。

1. 监测必要性

车站列车信号机和区间通过信号机点亮，同时灯丝继电器必然励磁。灯丝继电器落下说明信号机在灭灯状态，铁路现场经常发生因信号点灯电流没有达标导致的 DJ 落下故障。集中监测系统通过监测点灯电路中的电流，及时发现电路参数变化的故障隐患，以达到提前发现设备异常的目的。

采集路径：DJ 电流传输线—信号电流传感器—信号机电流采集单元—RS-485 串口—集中监测站机。

2. 采集原理

将 DJ 经过的点灯电路条件线（去线）穿过电流传感器，采集设备通过测试感应电压得出回路中的电流值。在互感器输出两端产生感应电压，信号机电流采样周期为 500 ms。在点灯电路配线中，应该在条件线的断路器（XJZ220）端子到 DJ-53 端子间采集，将这根线穿过电流传感器电流孔，绕三圈（孔内 3 根线），两端再接回原来的端子。利用电磁感应，将流经传感器线圈孔内的电流转换成 0～75 mV 的交流电压，送给信号机电流采集单元。

3. 采集设备

信号机电流采集单元：TC6A4（部件号：32008-417-00）和电流传感器（见图 2-4）。

MODEL:TC6A4			
72	IN1+	82	IN1-
71		81	
73	IN2+	83	IN2-
52		62	
51	IN3+	61	IN3-
53		63	
32	IN4+	42	IN4-
31		41	
33		43	
12		22	
11		21	
13	RS-485A	23	RS-485B
3	GND	4	GND
1	+12V	2	

IN1-4:　0～75 mV
(150 mA)
OUT:　　RS-485
POWER:　+12V
S/N:
出厂地址：

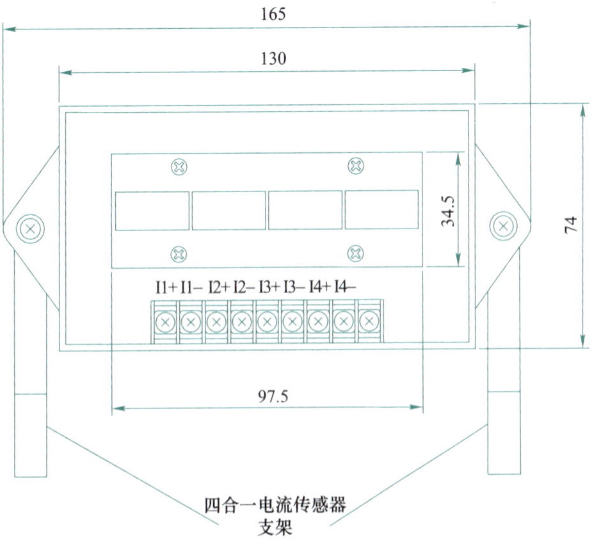

图 2-4　信号机电流采集单元和电流传感器

2.2.4　施工注意事项

信号机电流采集是列车 DJ 上的电流，因此，电流传感器必须接在点灯的主回路上。通常是取点灯保险至 DJ 之间的线采样。信号机电流采集模块为无源模块，感应输出的信号很弱，只能安装在监测采集组合中，与采集单元相邻安装。信号机电流采集的点灯回路线直接从信号机组合内部延长引出，不走组合侧面，直接在信号机电流传感器上绕圈后返回。

信号机电流采集调试需达到的要求为：信号机电流采集与对应 DJ 的状态一致。当 DJ 吸起或落下时，对应的信号机电流采集数值相应地有值和归零。信号机电流监测数值，与用标准表测得的电流数值偏差在 2 mA 以内。

配线施工说明如下。

（1）信号机电流采集信号机组合内部的点灯电流线，为减少故障点，采集配线不截断，即不经过联锁和监测的组合侧面转接，直接从联锁组合内部引出，进入监测组合内部，在电流传感器上穿芯绕 3 匝（孔内 3 根线）后返回联锁组合内部。

（2）每个组合最多安装 5 个综合采集器，每个综合采集器配一个电流传感器。每个电流传感器可以采集 4 路电流。每 4 层组合间通信线环接在一起，输出一条 RS-485 通信线接通信分机一个串口。

（3）每个发送综合采集器有唯一的 RS-485 地址号，两个组合一根 RS-485 总线。编号规则是：一个组合从 1～5 依次排列，下一个组合从 6～10 依次排列，排完 20 个号后又重新从 1～20 排列。

（4）施工单位根据组合内部配线图提供采集组合，并进行采集配线施工。

（5）电流传感器需现场安装，安装采集监测采集组合内部，与采集单元间隔安装。

（6）每个传感器输出配线接前一个底座序号的采集单元，配线使用 0.4 mm^2 阻燃软线，型号为 ZR.RV0.4（23/0.15）。

（7）采集单元工作用 12 V 电源在机柜上的位置如下：

+12 V——零-D2-1～10；

12 V GND——零-D2～11-20。

2.2.5 任务实施

表 2-8 为任务实施说明表。

表 2-8 任务实施说明表

任务	完成列车信号机点灯回路电流监测施工
沟通	开展专题讨论，讨论完成该任务应该具备哪些知识，准备哪些工具
准备	学生采用随机的形式分组，组内做好分工，准备好工具，明确工作进度和要求
实施	步骤： 1. 准备好实训设备及工具 2. 收集列车信号机点灯回路电流监测标准施工照片 3. 完成列车信号机点灯回路电流监测施工 4. 依据配线图、标准施工工艺照片完成配线工作

2.2.6 工作单

表 2-9 为工作单。

表 2-9 工作单

班级：　　姓名：　　学号：　　完成时间： 任务名称：	
沟通	操作名称与描述： 完成情况：
准备	操作名称与描述： 完成情况：
实施	第一步： 操作名称与描述： 完成情况： 第二步： 操作名称与描述： 完成情况：
整理	操作名称与描述： 完成情况：

2.2.7　准备工作

1. 扫码看课

2. 工具材料准备

表 2–10 为工具材料表。

表 2–10　工具材料表

工具	材料	设备
螺丝刀	阻燃软线	信号机电流采集单元
剥线钳	焊锡	电流传感器
斜口钳		
钢丝钳		
电烙铁		

2.2.8　工作实施

1. 分组

表 2–11 为分组表。

表 2–11　分组表

<table>
<tr><td>班级</td><td></td><td>组号</td><td></td><td>组长</td><td></td></tr>
<tr><td rowspan="4">组员</td><td>姓名</td><td>角色</td><td>姓名</td><td colspan="2">角色</td></tr>
<tr><td></td><td></td><td></td><td colspan="2"></td></tr>
<tr><td></td><td></td><td></td><td colspan="2"></td></tr>
<tr><td></td><td></td><td></td><td colspan="2"></td></tr>
</table>

2. 工作流程

课前：学生扫描 2.2.7 节中的二维码进行预习。

课中：教师带领学生走进实训室设备前，对列车信号点灯回流监测的施工配线及工艺进行讲解后，学生练习。

课后：学生利用多媒体设备，相互配合录制施工配线及讲解配线原理，巩固知识，掌握施工方法及配线工艺。

3. 工作实施

① 确定小组任务，由教师带领学生进入实训室，对施工方法及配线工艺进行讲解，讲解后学生进行练习。

② 学生利用课余时间，分批次完成列车信号点灯回路电流监测采集配线施工，并完成视频录制工作。

4. 检验完成情况

① 采用随机提问的方式，对小组内各成员掌握情况进行检验。

② 对每位同学施工配线视频进行检验。

2.2.9 评价反馈

1. 评价流程

2. 评价表

表 2-12 为任务评价表。

① 学生自评，并将结果填入学生自评栏中。

② 教师对学生工作过程与工作结果进行评价，并将评价结果填入教师综合评价栏中。

表 2-12 任务评价表

项目 2 安装采集设备		任务 2.2 实现列车信号点灯回路电流监测		
班级：		姓名：	学号：	
一、学生自评				
序号	项目评价	评价标准	分值	得分
1	施工图纸理解	能正确绘制出施工配线图	40	
2	设备施工配线	能积极自主地录制配线施工过程	40	
3	工作质量	能按计划完成任务	10	
4	协调能力	与小组成员之间能合作交流，协调工作	10	

续表

二、教师综合评价

班级：　　　　　　　　姓名：　　　　　　　　学号：

	项目评价	评价标准	分值	得分
考勤（10%）		未出现无故迟到、早退、旷课现象	10	
工作过程（70%）	小组互评	客观、公平、公正	30	
	工作态度	态度端正，工作认真，对不会的问题能主动提问	5	
	工作完整	能按时完成任务	5	
	工作规范	能按规范要求完成任务	10	
	成果展示	能正确、自主地完成施工配线的任务	40	
综合评价	自评（40%）	教师评价（60%）	综合得分	

课后作业

完成列车信号机点灯电路回路电流采集原理图（见图 2–5）。

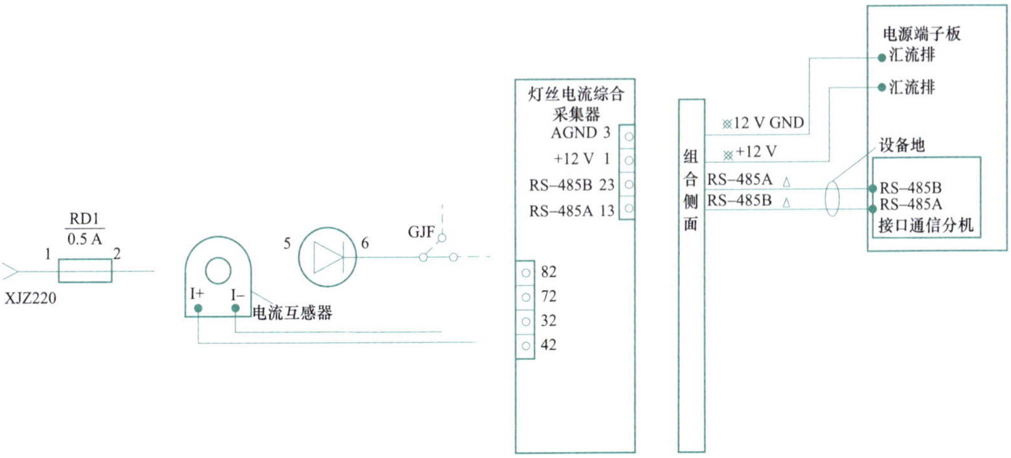

图 2–5　信号机点灯电路回路电流采集原理图

任务 2.3　实现 25 Hz 相敏轨道电路集中监测

2.3.1　任务导入

轨道电路集中监测是高铁信号集中监测的重要内容。小李是某工程局电务负责人，通过采访了解到，只有懂得轨道电路监测原理，掌握轨道电路监测的施工方法，才能够胜任轨道电路集中监测的施工任务。下面就从轨道电路监测图纸识图与施工开始学习。

2.3.2　任务目标

学习目标	1. 识读轨道电路监测图纸 2. 知道轨道电路监测施工方法
能力目标	1. 能看懂轨道电路监测图纸 2. 能识别轨道电路监测设备并进行安装
素质目标	1. 培养学生认识新事物的能力 2. 培养学生职业素养 3. 培养学生相互协作的精神

2.3.3　任务分析

本次任务包含 2 个知识点（25 Hz 相敏轨道电路监测采集原理、25 Hz 相敏轨道电路监测采集位置）和 1 个技能点（25 Hz 相敏轨道电路监测采集安装与调试）。

1. 监测的必要性

轨道电路测试是实现预防修的一个重要手段，在集中监测站机上可以很方便地对轨道电路进行在线实时监测，提高轨道电路的维护效率，最大限度地保证行车安全。通过实时监测轨道电路接收端电压值的变化，掌握轨道电路调整状态和分路状态的工作情况。通过对轨道曲线的分析，可帮助分析、查找故障，并及时进行处理，防患于未然。随着提速和高速铁路技术的发展，站内普遍使用 25 Hz 相敏轨道电路，因此，首先要对这种常用的轨道电路监测进行介绍。对 25 Hz 相敏轨道电路的监测对象是轨道电路接收端的交流电压和相位角及轨道继电器（GJ）状态开关量。

监测内容：轨道接收端交流电压、相位角。

监测点：二元二位轨道电路继电器端、局部电压输入端，相敏轨道电路电子接收器端。

轨道继电器开关量状态的采样：优先采用空接点，无空接点在继电器线包采样，用固态光隔模块获取开关量信息，来反映轨道区段的空闲及占用，即轨道继电器上升反映“调整”，轨道继电器下降反映“占用”。

2. 采集原理

1）轨道电路模拟量采集

相敏轨道电路电压采集检测采用高阻隔离和电压互感器隔离的方式，将采样后的信号调制成 CPU 能直接采集的信号，将模拟信号高速采样后进行数据处理运算，得到每路轨道电路电压的有效值和相位角，然后利用其非局部相位角（轨道电源电压相位角）与局部相位角进行比较得到相位差。图 2-6 为轨道电路电源采集监测原理流程图，25 Hz 相敏轨道电路采样周期为 500 ms。

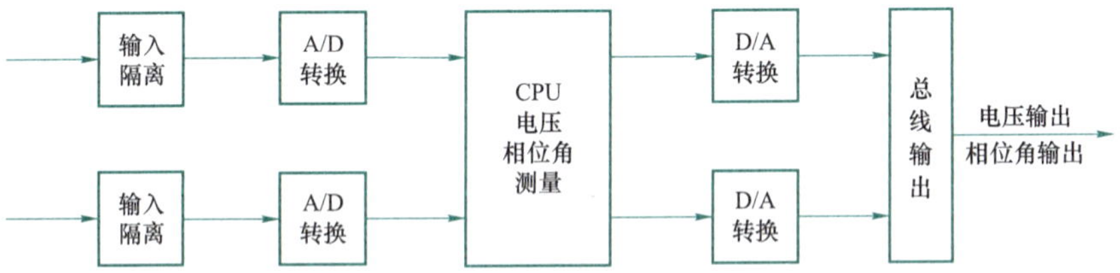

图 2-6　轨道电路电源采集监测原理流程图

在具体工程设计时，由于 25 Hz 相敏轨道电路按接收端设备可分为微电子相敏轨道电路和交流二元二位继电器轨道电路，而两者在原理上是一致的，因此，在工程采集时可按图 2-7 所示电路对 25 Hz 相敏轨道电路进行采集，并且电码化区段和非电码化区段略有不同。监测系统的采集单元是通过从采样点连线，送回到监测系统采集机中。

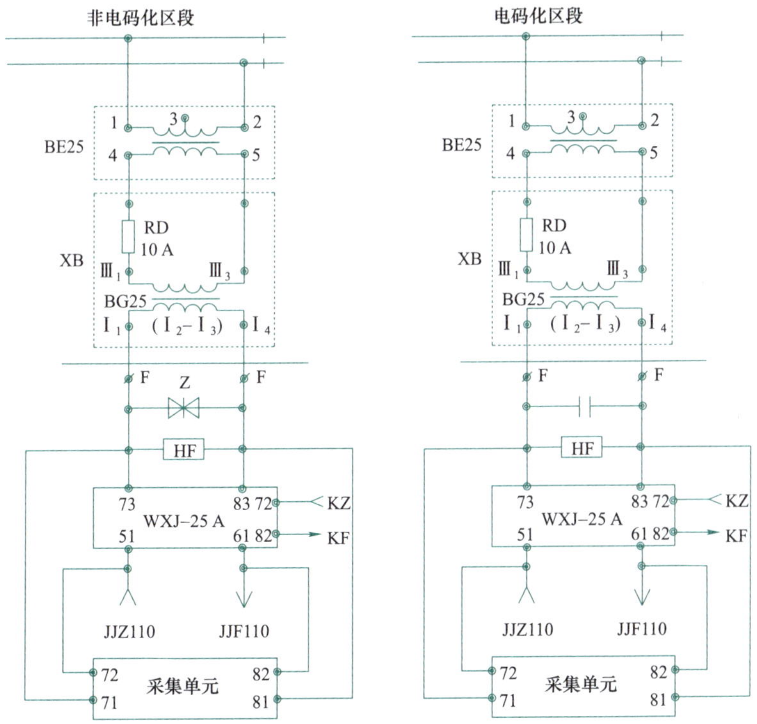

图 2-7　微电子轨道电路采集原理图

采样点一般选取轨道测试盘侧面端子或分线盘接线端子，若没有轨道测试盘时，可直接采集微电子接收器组合侧面端子或交流二元二位继电器 GJ 组合侧面端子。图 2-8 为二元二位轨道电路采集原理图。

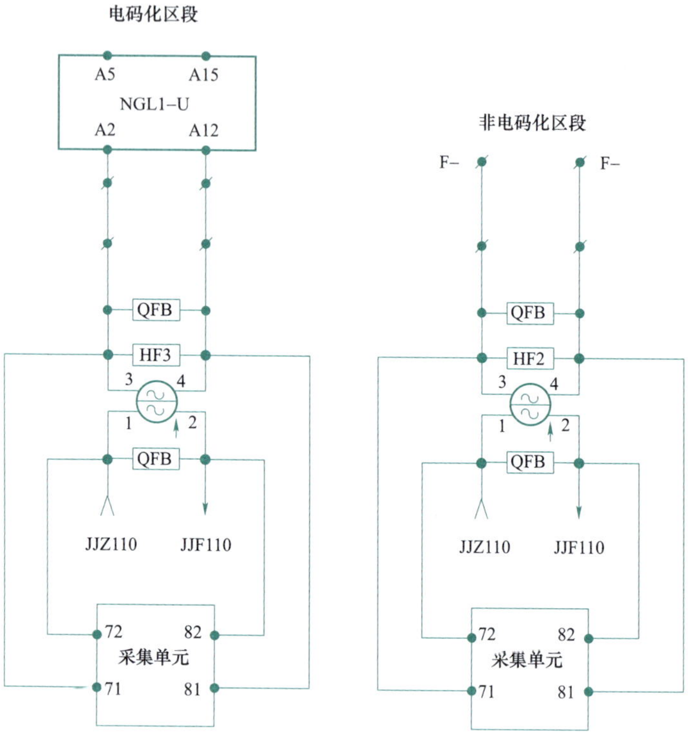

图 2-8　二元二位轨道电路采集原理图

监测系统对于微电子轨道电路采集微电子接收器的 73、83 两端电压，对于二元二位轨道电路采集轨道继电器的 3、4 线圈两端电压采样路径为：室外电缆—防雷分线盘—轨道组合侧面端子—防护盒、防雷硒堆—轨道继电器组合架—轨道测试盘侧面端子—CSM 系统采集单元。

2）轨道电路开关量采集

除了采集每段轨道电路接收端的交流电压和相位角外，还要采集每段轨道电路所对应的轨道继电器（GJ）状态，用于轨道电路分路不良区段的判断，减少开关量、模拟量分别采集带来的时序差造成的误报警。轨道电路接收端设备不同，所采用的 GJ 采集方式也不同。

3. 采集设备

采集单元型号：TC6VX7-J（部件号：32008-414-01）

采集单元底座配线表见表 2-13。

表 2-13　采集单元底座配线表

72	IN11（1）	82	IN12（2）
71	IN21（3）	81	IN12（4）
73	IN31（5）	83	IN12（6）
52	IN41（7）	62	IN12（8）
51	IN51（9）	61	IN12（10）
53	IN61（11）	63	IN12（12）
32	IN71（13）	42	IN12（14）
31	IN81（15）	41	IN82（16）
33	KGL1	43	KGL2
12	KGL3	22	KGL4
11	KGL5	21	KGL6

4. 轨道电路集中监测配线施工注意事项

（1）25 Hz 轨道电压采集微电子接收盒或二元二位轨道继电器两端电压。

（2）增加轨道继电器状态的开关量采集，采集点通常为 GJ 继电器一组空接点的后接点。

（3）采集 GJ 使用 12 V 直流电源，使用 C0 层专门配置的 12 V 直流开关电源采集。

（4）二元二位轨道继电器通常第 4 组接点为空，因此，采集第 4 组接点，可将电源和采集线经过轨道架组合侧面转接采集。

（5）微电子轨道接收盒端无对应继电器接点，只能采集轨道复示继电器组合中的 GJ 接点。同一层组合因所接轨道继电器太多，侧面端子空位可能不够，因此，采集配线只在组合侧面环接 12 V 电源环线，开关量直接从 GJ 接点上配线到轨道采集组合。

（6）因增加 GJ 开关量采集，原 25 Hz 轨道一层配 9 个轨道采集单元配线端子将不够，因此，减少一个 25 Hz 轨道采集单元，一层配 8 个采集单元。每个单元最多采集 7 路 25 Hz 轨道的电压和 GJ 开关量。

（7）25 Hz 轨道需测试相位角，相位角的计算是通过与局部电压的比较得到的，因此，局部电压的采集必须正确。局部电压一般分两束 110 V 电压，实际上是从 1 路 220 V 轨道电压分解而成的，也就是在 GJZ220 和 GJF220 之间引出一路 JJG100，GJZ220 与 JJG110 构成第一束局部电源的 110 V 电压，JJG110 与 GJF220 构成第二束局部电源的 110 V 电压。对于新的电源屏可能单独功出两路局部电源。

（8）两路局部电源之间通常有 180° 的相位差，因此，在采集上也应将这两束局部电源分开，一个采集单元上只能接一束局部电源，不属此局部电源的轨道区段电压，不能接在此采集单元上，因为会使轨道相位角的数值计算造成差错。同时 25 Hz 轨道采集的 JZ、JF 配线也不能配反，否则将使采集的相位角错 180°。

（9）当在程序窗口中发现某路轨道电压相位角达 270° 左右时，可判断肯定是采集配线有误，但需要判断是哪一个层次的采集有误，是配线到采集组合侧面就反了？还是组合侧面到内部的配线反了？此时可用 25 Hz 轨道的专用测量表，去采集组合上测量对应的轨道相位角，专用表测相位角需使用 4 根表笔，其中两根接局部电压的 JZJF，另两根接轨道电压的 JZJF，原理与采集单元一致。测量时可先直接测采集组合内部继电器端子上的相位角，再测组合侧面配线，用于检查组合内部配线是否有误。当两次数值一致且均为 270° 左右时，可去轨道二元二位继电器组合上实际测量此轨道的相位角。一般情况下应该修改单个轨道电路的电压配线，也就是将轨道电压的两根输入线反一下。

（10）采集单元对 25 Hz 轨道电压有严格的选频功能，在 25 Hz 加减 0.5 Hz 以内，当超过此频率范围时，采集到的电压值将迅速减弱，如发现程序中的轨道电压数值偏低，而实际测量和检查配置文件都无问题时，可测量此时轨道电压的频率，或者直接查看原始数据中的频率信息，看是否超过范围。

（11）由于采集单元使用的是直流 12 V 电源，出于安全考虑，在现场施工时，在将采集单元插上组合之前，最好能先核对组合内部配线，防止电源线与 RS-485 通信线或采集线混接，以致损坏采集单元，最好能先通电测量各 12 V 电源正确后再插采集单元。

（12）25 Hz 正常轨道电压一般情况下为 18～24 V，最高可达 35 V 左右，最低 15 V，相位角一般为 90° 左右。

5. 25 Hz 轨道采集调试要求

（1）GJ 状态与实际轨道继电器状态一致，即当轨道占用时 GJ 开关量显示占用；当轨道出清时 GJ 开关量显示空闲。

（2）轨道电压跟随轨道占用空闲状态的改变而变化。当轨道正常占用时，轨道电压值为 0；当轨道出清时，轨道电压数值与 GJ 两端实际测量的数值一致。

（3）监测站机上显示的轨道电压数值与用标准测试表在监测采集点处量到的轨道电压数值偏差不超过量程的±1%。正常 25 Hz 轨道电压在 18～25 V。

（4）监测站机上显示的轨道相位角数值与用标准测试表在监测采集点处量到的轨道相位角数值偏差不超过量程的±1%。标准的轨道相位角为 90°，前后偏差不超过 10°。

2.3.4 任务实施

表 2-14 为任务实施说明表。

表 2-14 任务实施说明表

任务	完成轨道 25 Hz 相敏电路集中监测配线施工
沟通	开展专题讨论，讨论完成该任务应该具备哪些知识，准备哪些工具
准备	学生采用随机的形式分组，组内做好分工，准备好工具，明确工作进度和要求
实施	步骤： 1. 准备好实训设备及工具 2. 收集轨道电路集中监测标准施工照片 3. 完成轨道电路集中监测施工及调试 4. 依据配线图、标准施工工艺照片完成配线工作

2.3.5 工作单

表 2–15 为工作单。

表 2–15 工作单

班级： 姓名： 学号： 完成时间： 任务名称：	
沟通	操作名称与描述： 完成情况：
准备	操作名称与描述： 完成情况：
实施	第一步： 操作名称与描述： 完成情况： 第二步： 操作名称与描述： 完成情况：
整理	操作名称与描述： 完成情况：

2.3.6 准备工作

1. 扫码看课

2. 工具材料准备

表 2–16 为工具材料表。

表 2-16　工具材料表

工具	材料	设备
螺丝刀	阻燃软线	25 Hz 轨道电路电压相位角采集单元
剥线钳	焊锡	轨道组合
斜口钳		信号集中监测站机
钢丝钳		
电烙铁		

2.3.7　工作实施

1. 分组

表 2-17 为分组表。

表 2-17　分组表

班级		组号		组长	
组员	姓名	角色	姓名	角色	

2. 工作流程

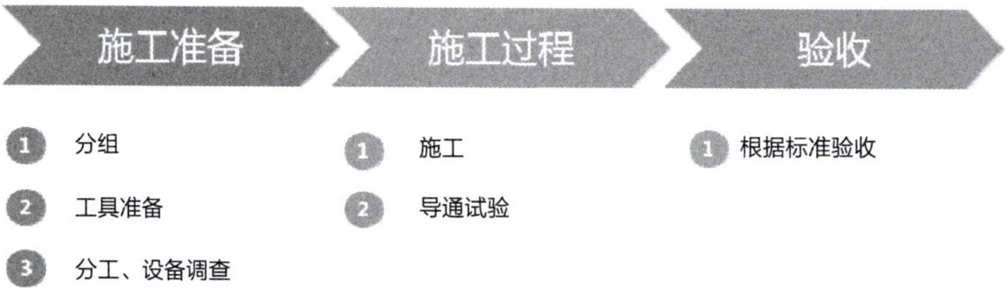

3. 工作实施

① 采用抢答的方式，各小组对教师提出的问题进行抢答，了解学生对图纸的掌握情况。

② 采用随机提问的方式，对小组内各成员掌握情况进行检验。

③ 对各小组图纸和施工配线情况进行检验。

根据找到配线的实际位置，能够完成侧面端子 01 和 12 列的配线。

图 2-9 为 25 Hz 轨道采集组合内部配线图，图 2-10 为 25 Hz 轨道采集组合侧面配线图。

5	轨道电压相位角采集器 TC6VX7-J		
72	05–1	82	05–2
71	05–3	81	05–4
73	05–5	83	05–6
52	05–7	62	05–8
51	05–9	61	05–10
53	05–11	63	05–12
32	05–13	42	05–14
31	05–15	41	05–16
33		43	
12		22	
11		21	
13	6–13 4–13	23	6–23 4–23
3	4–3 6–3	4	
1	4–1 6–1	2	

4	轨道电压相位角采集器 TC6VX7-J		
72	04–1	82	04–2
71	04–3	81	04–4
73	04–5	83	04–6
52	04–7	62	04–8
51	04–9	61	04–10
53	04–11	63	04–12
32	04–13	42	04–14
31	04–15	41	04–16
33		43	
12		22	
11		21	
13	5–13 3–13	23	5–23 3–23
3	5–3 3–3	4	
1	5–1 3–1	2	

3	轨道电压相位角采集器 TC6VX7-J		
72	03–1	82	03–2
71	03–3	81	03–4
73	03–5	83	03–6
52	03–7	62	03–8
51	03–9	61	03–10
53	03–11	63	03–12
32	03–13	42	03–14
31	03–15	41	03–16
33		43	
12		22	
11		21	
13	4–13 2–13	23	4–23 2–23
3	2–3 4–3	4	
1	2–1 4–1	2	

2	轨道电压相位角采集器 TC6VX7-J		
72	02–1	82	02–2
71	02–3	81	02–4
73	02–5	83	02–6
52	02–7	62	02–8
51	02–9	61	02–10
53	02–11	63	02–12
32	02–13	42	02–14
31	02–15	41	02–16
33		43	
12		22	
11		21	
13	3–13 1–13	23	3–23 1–23
3	1–3 3–3	4	
1	1–1 3–1	2	

1	轨道电压相位角采集器 TC6VX7-J		
72	01–1	82	01–2
71	01–3	81	01–4
73	01–5	83	01–6
52	01–7	62	01–8
51	01–9	61	01–10
53	01–11	63	01–12
32	01–13	42	01–14
31	01–15	41	01–16
33		43	
12		22	
11		21	
13	12–6 2–13	23	12–8 2–23
3	12–3 2–3	4	
1	12–1 2–1	2	

9	轨道电压相位角采集器 TC6VX7-J		
72	09–1	82	09–2
71	09–3	81	09–4
73	09–5	83	09–6
52	09–7	62	09–8
51	09–9	61	09–10
53	09–11	63	09–12
32	09–13	42	09–14
31	09–15	41	09–16
33		43	
12		22	
11		21	
13	12–J 8–13	23	12–9 8–23
3	8–3 12–4	4	
1	8–1 12–2	2	

8	轨道电压相位角采集器 TC6VX7-J		
72	08–1	82	08–2
71	08–3	81	08–4
73	08–5	83	08–6
52	08–7	62	08–8
51	08–9	61	08–10
53	08–11	63	08–12
32	08–13	42	08–14
31	08–15	41	08–16
33		43	
12		22	
11		21	
13	9–13 7–13	23	9–23 7–23
3	7–3 9–3	4	
1	7–1 9–1	2	

7	轨道电压相位角采集器 TC6VX7-J		
72	07–1	82	07–2
71	07–3	81	07–4
73	07–5	83	07–6
52	07–7	62	07–8
51	07–9	61	07–10
53	07–11	63	07–12
32	07–13	42	07–14
31	07–15	41	07–16
33		43	
12		22	
11		21	
13	8–13 6–13	23	8–23 6–23
3	6–3 8–3	4	
1	6–1 8–1	2	

6	轨道电压相位角采集器 TC6VX7-J		
72	06–1	82	06–2
71	06–3	81	06–4
73	06–5	83	06–6
52	06–7	62	06–8
51	06–9	61	06–10
53	06–11	63	06–12
32	06–13	42	06–14
31	06–15	41	06–16
33		43	
12		22	
11		21	
13	7–13 5–13	23	7–23 5–23
3	5–3 7–3	4	
1	5–1 7–1	2	

	12	11	10	09	08	07	06	05	04	03	02	01
1	2 1-1 +12 V			9–72	8–72	7–72	6–72	5–72	4–72	3–72	2–72	1–72
2	1 9-1			9–82	8–82	7–82	6–82	5–82	4–82	3–82	2–82	1–82
3	4 1-3 GND			9–71	8–71	7–71	6–71	5–71	4–71	3–71	2–71	1–71
4	3 9-3			9–81	8–81	7–81	6–81	5–81	4–81	3–81	2–81	1–81
5				9–73	8–73	7–73	6–73	5–73	4–73	3–73	2–73	1–73
6	1-13 485A 7			9–83	8–83	7–83	6–83	5–83	4–83	3–83	2–83	1–83
7	9-13 6			9–52	8–52	7–52	6–52	5–52	4–52	3–52	2–52	1–52
8	1-23 485B 9			9–62	8–62	7–62	6–62	5–62	4–62	3–62	2–62	1–62
9	9-23 8			9–51	8–51	7–51	6–51	5–51	4–51	3–51	2–51	1–51
10				9–61	8–61	7–61	6–61	5–61	4–61	3–61	2–61	1–61
11				9–53	8–53	7–53	6–53	5–53	4–53	3–53	2–53	1–53
12				9–63	8–63	7–63	6–63	5–63	4–63	3–63	2–63	1–63
13				9–32	8–32	7–32	6–32	5–32	4–32	3–32	2–32	1–32
14				9–42	8–42	7–42	6–42	5–42	4–42	3–42	2–42	1–42
15				9–31	8–31	7–31	6–31	5–31	4–31	3–31	2–31	1–31
16				9–41	8–41	7–41	6–41	5–41	4–41	3–41	2–41	1–41
17												
18												

说明：
组合内部配线使用0.4 mm^2 塑胶阻燃软线，型号为ZR.RV0.4（23/0.15）。

图 2–9　25 Hz 轨道采集组合内部配线图

JC1-7

25 Hz轨道采集组合侧面配线图

	12				09		08	
	名称	配线	名称	配线	名称	配线	名称	配线
1	+12V ※	+12V电源			S局部-JZ(2)	SJJZ110 JC1-6-01-1	X局部-JZ(1)	XJJZ110 07-1
2	+12V ※	至下一层电源环线			S局部-JP(2)	SJJF110 JC1-6-01-2	X局部-JP(1)	XJJF110 07-2
3	AGND ※	12V电源GND			102DG	G4-6-01-3	6G	G2-6-01-15
4	AGND ※	至下一层电源环线				G4-6-01-4		G2-6-01-16
5					104DG	G4-6-01-7	8G	G2-6-02-1
6	485A △	分机26-COM-4-1(A)				G4-6-01-8		G2-6-02-2
7	485A △	JC1-6-12-6			106DG	G4-6-01-11	10G	G2-6-02-5
8	485B △	分机25-COM-4-2(B)				G4-6-01-12		G2-6-02-6
9	485B △	JC1-6-12-8			108DG	G4-6-01-15	12G	G2-6-02-9
10						G4-6-01-16		G2-6-02-10
11					110DG	G4-6-02-1	14G1	G2-6-02-13
12						G4-6-02-2		G2-6-02-14
13					112DG	G4-6-02-5	14G2	G2-6-02-17
14						G4-6-02-6		G2-6-02-18
15					114-120DG	G4-6-02-9	16G	G2-6-03-3
16						G4-6-02-10		G2-6-03-4
17					485地址号		485地址号	
18					9		8	

	07		06		05		04		03		02		01		
	名称	配线	名称	配线	名称	配线	名称	配线	名称	配线	名称	配线	名称	配线	
1	X局部-JZ(1)	08-1 06-1	X局部-JZ(1)	05-1 07-1	X局部-JZ(1)	04-1 06-1	X局部-JZ(1)	03-1 05-1	X局部-JZ(1)	02-1 04-1	X局部-JZ(1)	01-1 03-1	X局部-JZ(1)	XJJZ110 02-1	1
2	X局部-JP(1)	08-2 06-2	X局部-JP(1)	05-2 07-2	X局部-JP(1)	04-2 06-2	X局部-JP(1)	03-2 05-2	X局部-JP(1)	02-2 04-2	X局部-JP(1)	01-2 03-2	X局部-JP(1)	XJJF110 02-2	2
3	IG2	G1-6-10-9	D127G	G1-6-08-17	137-141DG2	G1-6-07-7	131-133DG	G1-6-06-15	121DG	G1-6-04-5	109-113DG	G1-6-02-13	1ZJG	G1-6-01-3	3
4		G1-6-10-10		G1-6-08-18		G1-6-07-8		G1-6-06-16		G1-6-04-6		G1-6-02-14		G1-6-01-4	4
5	IIG1	G1-6-10-13	D129G	G1-6-09-3	143-145DG	G1-6-07-11	131-133DG1	G1-6-06-1	121DG1	G1-6-04-9	109-113DG1	G1-6-02-17	2ZJG	G1-6-01-7	5
6		G1-6-10-14		G1-6-09-4		G1-6-07-12		G1-6-06-2		G1-6-04-10		G1-6-02-18		G1-6-01-8	6
7	IIG2	G1-6-10-17	D137G	G1-6-09-7	143-145DG1	G1-6-07-15	131-133DG2	G1-6-06-5	123DG	G1-6-04-13	111DG	G1-6-03-3	IIIAG	G1-6-01-11	7
8		G1-6-10-18		G1-6-09-8		G1-6-07-16		G1-6-06-6		G1-6-04-14		G1-6-03-4		G1-6-01-12	8
9	IIIG	G1-6-11-3	D139G	G1-6-09-11	147DG	G1-6-08-1	135DG	G1-6-06-9	125DG	G1-6-04-17	115DG	G1-6-03-7	101DG	G1-6-01-15	9
10		G1-6-11-4		G1-6-09-12		G1-6-08-2		G1-6-06-10		G1-6-04-18		G1-6-03-8		G1-6-01-16	10
11	4G1	G2-6-01-3	D143G	G1-6-09-15	147DG1	G1-6-08-5	135DG1	G1-6-06-13	127-129DG	G1-6-05-3	115DG1	G1-6-03-11	103DG	G1-6-02-1	11
12		G2-6-01-4		G1-6-09-16		G1-6-08-6		G1-6-06-14		G1-6-05-4		G1-6-03-12		G1-6-02-2	12
13	4G2	G2-6-01-7	D145G	G1-6-10-1	101/109G	G1-6-08-9	137-141DG	G1-6-06-17	127-129DG1	G1-6-05-7	117DG	G1-6-03-15	105DG	G1-6-02-5	13
14		G2-6-01-8		G1-6-10-2		G1-6-08-10		G1-6-06-18		G1-6-05-8		G1-6-03-16		G1-6-02-6	14
15	5G	G2-6-01-11	IG1	G1-6-10-5	D117G	G1-6-08-13	137-141DG1	G1-6-07-3	127-129DG2	G1-6-05-11	119DG	G1-6-04-1	107DG	G1-6-02-9	15
16		G2-6-01-12		G1-6-10-6		G1-6-08-14		G1-6-07-4		G1-6-05-12		G1-6-04-2		G1-6-02-10	16
17	485地址号		485地址号		485地址号		485地址号		485地址号		485地址号		485地址号		17
18	7		6		5		4		3		2		1		18

图 2-10　25 Hz 轨道采集组合侧面配线图

2.3.8　评价反馈

1. 评价流程

2. 评价表

表 2-18 为任务评价表。

① 学生自评，并将结果填入学生自评栏中。

② 教师对学生工作过程与工作结果进行评价，并将评价结果填入教师综合评价栏中。

表 2-18　任务评价表

项目 2　安装采集设备		任务 2.3　实现 25 Hz 相敏轨道电路集中监测		
班级：		姓名：	学号：	
一、学生自评				
序号	项目评价	评价标准	分值	得分
1	工具准备清单	能正确配置工具清单	15	
2	采集设备安装	能正确安装采集设备	15	
3	布线	能正确布线	15	
4	配线焊接	能按标准进行焊接	15	
5	导通	能根据配线图导通	20	
6	工作质量	能按计划完成任务	10	
7	协调能力	与小组成员之间能合作交流，协调工作	10	

续表

二、教师综合评价				
班级：		姓名：	学号：	
	项目评价	评价标准	分值	得分
考勤（10%）		未出现无故迟到、早退、旷课现象	10	
工作过程（90%）	工具准备清单	能正确配置工具清单	10	
	采集设备安装	能正确安装采集设备	15	
	布线	能正确布线	15	
	配线焊接	能按标准进行焊接	15	
	导通	能根据配线图导通	15	
	工作态度	态度端正，工作认真，对不会的问题能主动提问	5	
	工作完整	能按时完成任务	5	
	工作规范	能按规范要求完成任务	5	
	成果展示	能准确表达、汇报工作成果	5	
综合评价	自评（40%）	教师评价（60%）	综合得分	

任务 2.4　实现移频轨道电路监测

2.4.1　任务导入

移频轨道电路监测是信号集中监测的重要环节。小李是某工程局电务负责人，通过采访了解到，只有懂得移频轨道电路监测原理，掌握移频轨道电路监测的施工方法，才能够胜任移频轨道电路集中监测的施工任务。下面就从移频轨道电路监测图纸识图开始学习。

2.4.2　任务目标

学习目标	1. 识读移频轨道电路监测图纸 2. 学会移频轨道电路施工方法
能力目标	1. 能看懂移频轨道电路监测原理图 2. 能识别轨道电路监测设备并进行安装
素质目标	1. 培养学生认识新事物的能力 2. 培养学生良好的职业素养 3. 培养学生精益求精的职业精神

2.4.3 任务分析

本次任务包含：2 个知识点（移频轨道电路监测采集原理和移频轨道电路监测采集位置）和 1 个技能点（移频轨道电路监测采集安装与调试）。

1. 监测必要性

在高速铁路区间上使用 ZPW–2000A 型移频无绝缘轨道电路反映列车占用情况，并能进行一定车地信息传输，一般具有自诊断功能，CSM 系统只需通过 ZPW–2000A 系统维护机的接口即可获取轨道电路电压、电流、载频、低频等监测信息。但对于没有接口和自诊断功能的移频设备，CSM 系统则需采集以上监测信息，因此，监测内容有区间移频发送器发送电压、电流、载频、低频，区间移频接收器轨入电压，轨出 1、轨出 2 电压，载频、低频，以及区间移频电缆模拟网络电缆侧发送电压、接收电压、发送电流。

2. ZPW–2000A 型发送综合采样原理

ZPW–2000A 型移频无绝缘轨道电路发送电压、电流采集原理图如图 2–11 所示，监测点选取在发送器（盒）的功出端或模拟网络电缆侧。每个移频发送器需采集发送电压、电流，同时计算出相应载频、低频，通过编码送至 CSM 系统站机。

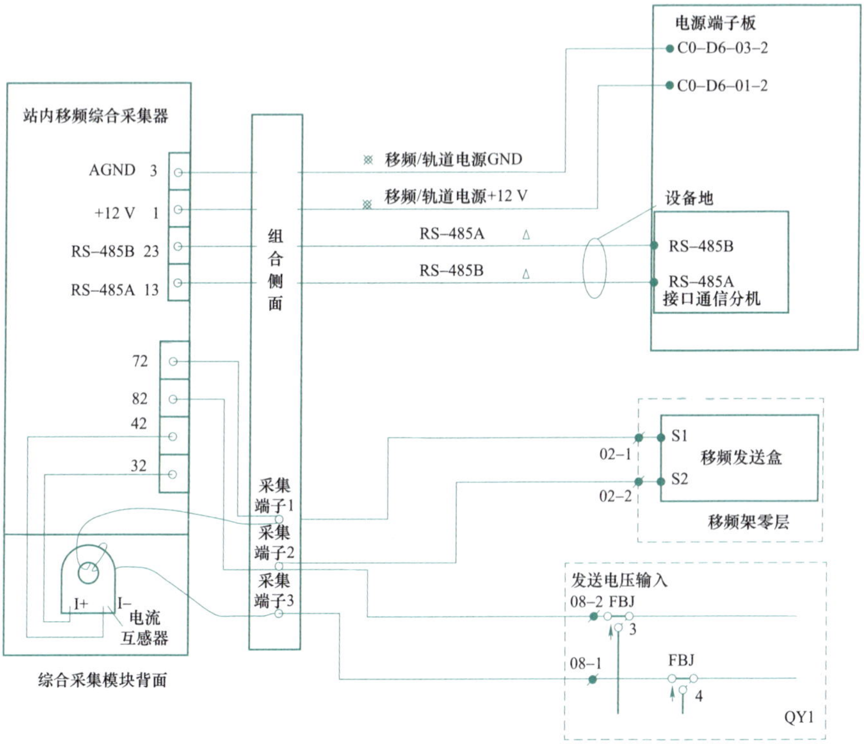

图 2–11 ZPW–2000A 型移频无绝缘轨道电路发送电压、电流采集原理图

3. 采集设备

采集单元由两部分组成，分别是采集器和电流传感器。图 2–12 为移频发送综合采集继电器示意图。电流传感器负责采集移频发送盒功出电流，采集器负责采集电流传感器采到电流后输出的数据及移频发送盒的功出电压、频率。

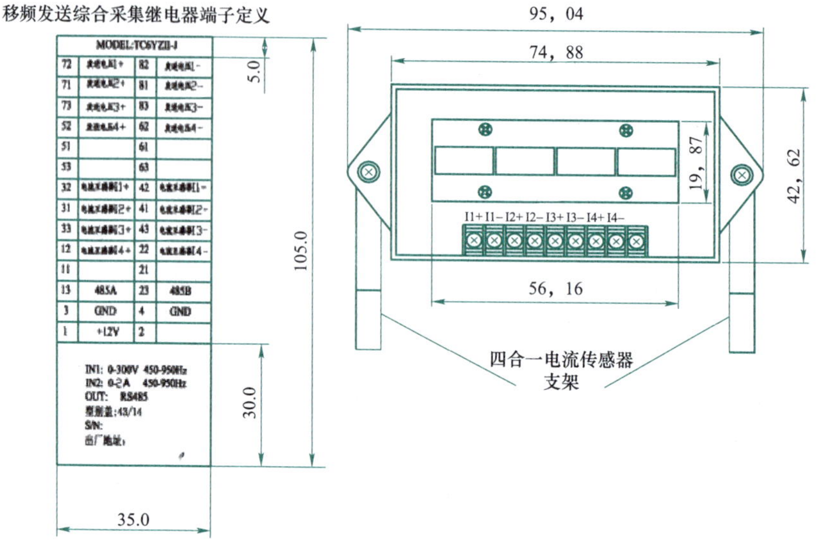

图 2-12　移频发送综合采集继电器示意图

一个站内移频综合采集模块可以采集 4 个轨道区段的发送电压和电流，原理图上只标出了 1 路采集的情况，其他 3 路原理相同，只是对应的组合侧面端子不同。站内移频综合采集器要和四合一电流采集模块配合使用，构成一个站内移频综合采集模块。四合一电流采集模块由 4 块电流采集传感器构成，每块电流采集传感器可采集一路电流，所以一个四合一电流采集模块共可以采集 4 路移频发送电流。电流采集模块一般安装在一个电流采集支架上，配有 I1～I4 共 8 对输出端子，如图 2-12 所示，将被测电流导线穿芯通过电流传感器 1 的检测孔绕 2 圈后返回原接线端子，其采集输出对应 I1+、I1-，以此类推，电流传感器 2 的采集输出对应 I2+、I2-，其他与此类似。

4. 移频接收器采集

对于 ZPW-2000A 型移频无绝缘轨道电路的移频接收端，监测点选取接收衰耗盒输入或接收器（盒）输入端。在接收端需采集轨入、轨出 1、轨出 2、GJ 状态 4 个电压。其他制式的移频只需采集接收端的轨入电压。对于集中式移频自动闭塞设备接收轨入电压采集接收端的电压，位置通常在衰耗器处，移频柜零层端子连接示意图如图 2-13 所示。

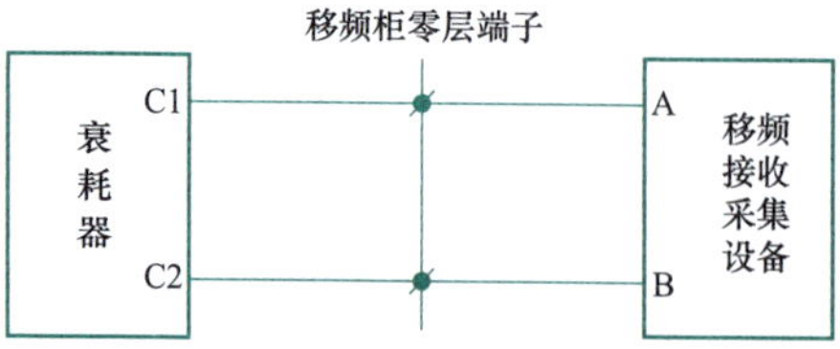

图 2-13　移频柜零层端子连接示意图

采样路径：移频衰耗器—CSM 系统采集设备。

集中式无绝缘区间移频信息监测需增加分线盘电缆侧的发送和接收电压采集。移频发送通道区间组合柜零层端子连接示意图如图 2-14 所示。

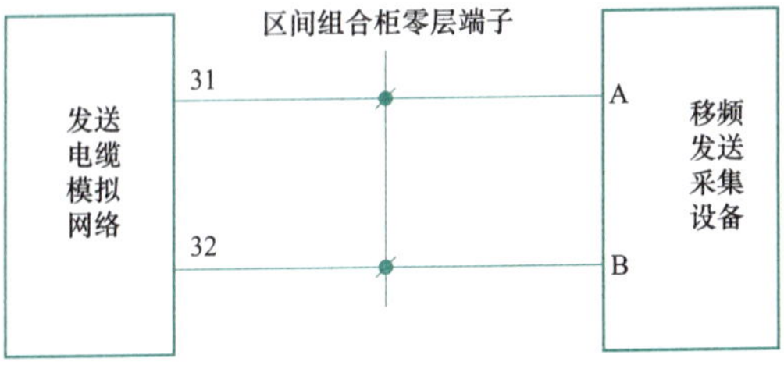

图 2-14　区间组合柜零层端子连接示意图

1）移频接收器采集

ZPW-2000 型移频接收采集设备示意图如图 2-15 所示。在工程设计时要注意，轨出 1 和轨出 2 在移频架零层没有配线，需要增加移频架内部配线。其中轨出 1 从移频接收器（或衰耗盒）端子直接引线接零层，再从零层配线至监测采集组合。轨出 2 从移频接收器（或衰耗盒）端子引出后接阻抗匹配器的输入端，从阻抗匹配的输出端配线接零层，再从零层配线至监测采集组合。阻抗匹配器需要就近在移频架内安装（该轨道的接收器位置），从轨出 2 采样端至阻抗匹配器采用屏蔽双绞线且长度不能超过 35 cm。阻抗匹配器采用导轨安装或支架搭装。

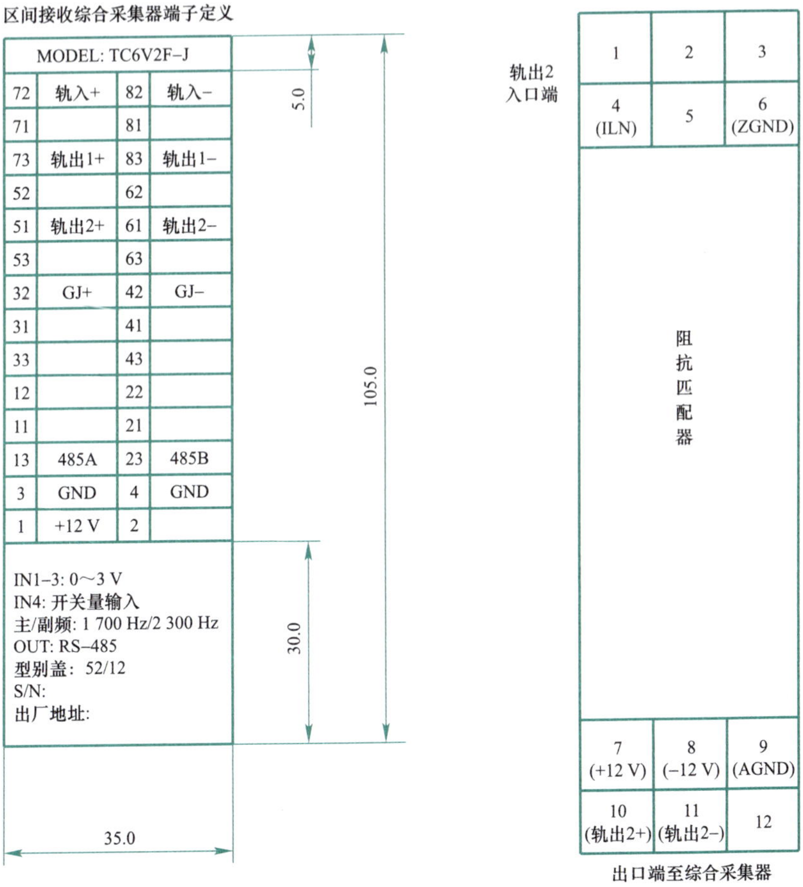

图 2-15　ZPW-2000 型移频接收采集设备示意图

2）采集设备

ZPW-2000 型移频的接收采集硬件部分包括采集器和阻抗匹配器两部分。

3）接收采集原理图

图 2-16 为 ZPW-2000 型移频接收采集原理图。

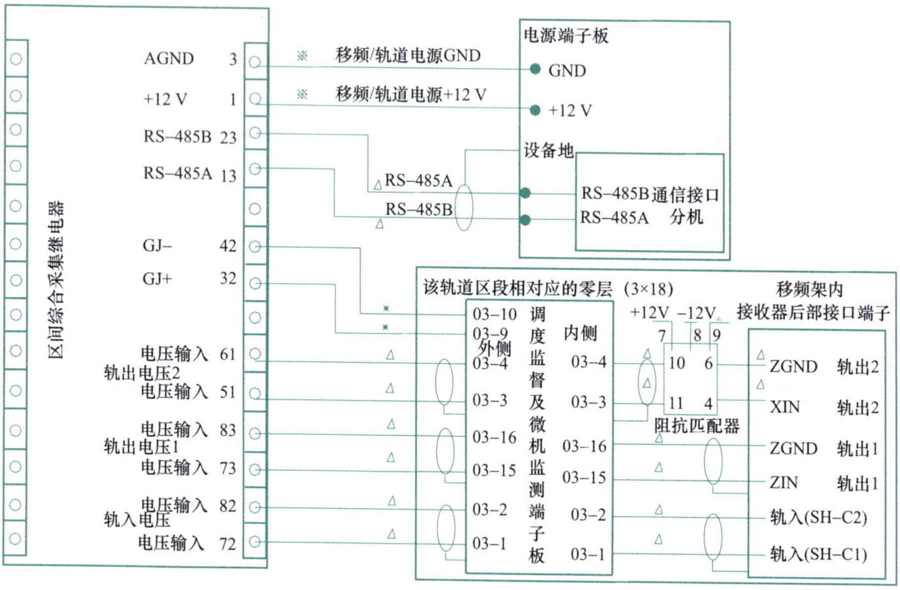

图 2-16 ZPW-2000 型移频接收采集原理图

5. 移频轨道电路监测施工配线

移频轨道电路监测配线施工分发送综合采集施工和接收综合采集施工两部分。

1）发送综合采集施工要求

适用于站内电码化和区间移频发送采集，组合尽量靠近移频架安装。每个组合最多安装 5 个采集器和 5 个电流传感器。当每个继电器可以采集 4 个站内施工时，需要拆除原移频架内发送盒功出负载线，经集中监测采集组合转接后接回原端子。

（1）从移频发送盒 S1、S2 一对线接移频采集组合侧面端子 1、端子 2，从端子 2、端子 3 引线接原移频架 FBJ。在监测采集组合内部用一段线将端子 1 和端子 3 经过电流传感器穿芯环起来。从端子 1 和端子 2 内部配电压采集线接采集单元底座。

（2）一个站内移频综合采集模块可以采集 4 个轨道区段的发送电压和电流，原理图上只标出了 1 路采集的情况，其他 3 路原理相同，只是对应的组合侧面端子不同。

（3）站内移频综合采集器要和四合一电流采集模块配合使用，电流采集传感器安装在对应的采集单元的旁边，在采集组合内部间隔排列。对应同一个采集单元，电压和电流的顺序应该相同。

（4）电流传感器为无源模块，使用电磁感应原理将流经其孔内的电流，感应产生交流电压输出至采集单元。因感应电压较弱，因此输出距离不能太长，输出线接相邻的前一个采集单元。

（5）电流传感器一个可以采集 4 路移频发送电流，安装在每个单元相邻继电器底座背后螺丝柱上。穿过该电流传感器的线为非屏蔽线。其线径与原移频配线线径相同。

ZPW－2000A 型制式移频需要绕两圈。普通制式移频电流比较大，只需穿一圈就可以了。

2）接收综合采集施工要求

（1）区间接收、发送综合采集器组合应尽量靠近移频架安装，每个组合最多安装 10 个采集器。

（2）带△符号是 RS－485 串口的配线，采用 SBVVP2 股 16 芯ϕ0.15 双芯对绞屏蔽线。

（3）带 * 符号的配线采用 23 芯ϕ0.15 mm 线。

（4）带⁜符号为 12 V 移频/轨道电源线的配线，采用 BVR7 芯ϕ0.52 mm 塑料软线。

（5）带∷符号是 GJ+、GJ－的配线，为原 ZPW－2000 用线。

（6）轨入、轨出 1、轨出 2 采样线分别用 3 根两芯屏蔽线，严禁将屏蔽层当作公共线。轨出 1 和轨出 2 从接收盒空余端子引线就近在移频架内安装（该轨道的发送盒位置）阻抗匹配器，从轨出 2 采样端至阻抗匹配器采用屏蔽双绞线，且长度不能超过 20 cm。阻抗匹配器的安装采用导轨安装或支架搭装。

（7）阻抗匹配器电源+12 V、GND、－12 V 均从机柜底部电源端子 D2 接入，电源线双环，用 BVR7 芯ϕ0.52 mm 阻燃软线。

（8）移频柜内部增配（所有衰耗盘）：SH－c5~03－3，SH－c6~03－4，SH－b5~03－15，SH－b6~03－16。

（9）每个发送器采集器有唯一的 RS－485 地址号，编号规则从 1～127 依次排列。

6. 调试过程及标准

1）移频发送采集调试过程

（1）由施工单位逐个关断移频发送输出空开，或者拔出移频发送盒，看对应移频发送电压、电流及频率采集是否变化归零。

（2）测量移频发送电压、电流及频率与集中监测采集比较是否一致。

（3）当集中监测采集电压、电流与用移频表实际测量的电压、电流偏差超过标准，但确认集中监测采集配线无误时，使用集中监测校核功能，校正采集数据。

2）移频发送采集调试标准

（1）集中监测采集移频发送电压、电流与实际移频发送电压、电流变化一致。

（2）移频发送电压、电流采集数值与实际测量数值偏差不超过 1%。

3）移频接收采集调试过程

（1）由施工单位逐个关断移频发送输出空开，看对应移频接收电压采集是否变化归零。

（2）确保 ZPW－2000 型移频的轨出 2 电压采集的阻抗匹配器的正负 12 V 工作电压均在 11.6 V 以上。

（3）确保轨出 1 电压与轨出 2 电压的采集配线在移频零层端子上是通过空端子转接。

（4）确保移频接收采集单元上的频率设置与实际采集的移频频率范围一致。

（5）当集中监测采集电压与用移频表实际测量的电压偏差超过标准，但确认集中监测采集配线无误时，使用集中监测校核功能，校正采集数据。

4）移频接收采集调试标准

（1）集中监测采集移频接收各电压与实际移频接收各电压变化一致。

（2）移频接收电压采集数值与实际测量数值偏差不超过 1%。

2.4.4 任务实施

表 2–19 为任务实施说明表。

表 2–19 任务实施说明表

任务	完成移频轨道电路监测施工工作
沟通	开展专题讨论，讨论完成该任务应该具备哪些知识，准备哪些工具
准备	学生采用随机的形式分组，组内做好分工，准备好工具，明确工作进度和要求
实施	步骤： 1. 准备好实训设备及工具 2. 收集移频轨道电路集中监测标准施工照片 3. 完成移频轨道电路集中监测施工及调试 4. 依据配线图、标准施工工艺照片完成配线工作

2.4.5 工作单

表 2–20 为工作单。

表 2–20 工作单

班级： 姓名： 学号： 完成时间： 任务名称：	
沟通	操作名称与描述： 完成情况：
准备	操作名称与描述： 完成情况：
实施	第一步： 操作名称与描述： 完成情况： 第二步： 操作名称与描述： 完成情况：
整理	操作名称与描述： 完成情况：

2.4.6 准备工作

1. 扫码看课

2. 工具材料准备

表 2–21 为工具材料表。

表 2–21 工具材料表

工具	材料	设备
螺丝刀	阻燃软线	移频发送综合采集器
剥线钳	焊锡	移频接收综合采集器
斜口钳		信号集中监测站机
钢丝钳		电流传感器
电烙铁		

3. 分组

表 2–22 为分组表。

表 2–22 分组表

<table>
<tr><td>班级</td><td></td><td>组号</td><td></td><td>组长</td><td></td></tr>
<tr><td rowspan="4">组员</td><td>姓名</td><td>角色</td><td>姓名</td><td colspan="2">角色</td></tr>
<tr><td></td><td></td><td></td><td colspan="2"></td></tr>
<tr><td></td><td></td><td></td><td colspan="2"></td></tr>
<tr><td></td><td></td><td></td><td colspan="2"></td></tr>
</table>

4. 回答引导问题

引导问题 1：移频轨道电路监测需要哪些施工图纸？

引导问题 2：完成发送综合采集原理图（见图 2-17）。

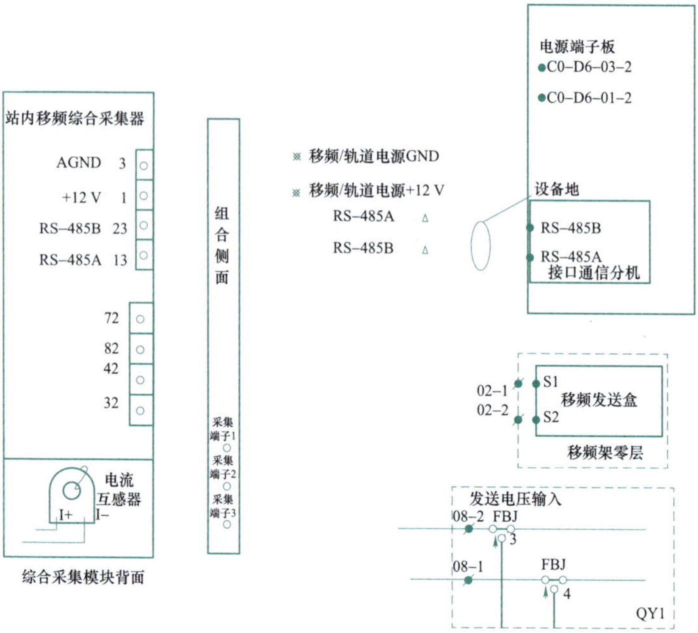

图 2-17　发送综合采集原理图

引导问题 3：填写移频发送综合采集器端子、接收综合采集器端子、阻抗匹配器端子的使用（见图 2-18）。

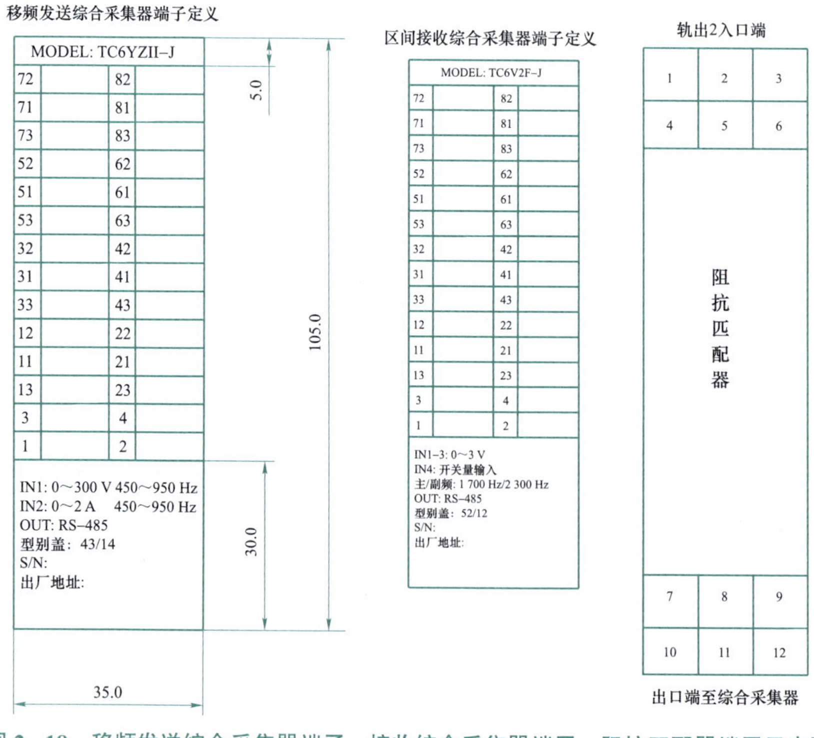

图 2-18　移频发送综合采集器端子、接收综合采集器端子、阻抗匹配器端子示意图

引导问题 4：图 2–19 是什么图纸？

JC3-7																		
	06		05			04			03			02			01			
	名称	配线	轨道名称		配线	名称		配线	轨道名称		配线	名称		配线	轨道名称		配线	
1	+12V	接移频+12V电源			发送电压入1+			发送电压入1+			发送电压入1+			发送电压入1+			发送电压入1+	1
2					发送电压入1- 发送电压出1-			发送电压入1- 发送电压出1-			发送电压入1- 发送电压出1-			发送电压入1- 发送电压出1-			发送电压入1- 发送电压出1-	2
3	AGND	接移频+12V电源AGND		FS	发送电压出1+		FS	发送电压出1+		FS	发送电压出1+		FS	发送电压出1+		FS	发送电压出1+	3
4																		4
5																		5
6	485A	接通信接口分机	485地址号 10		发送电压入2+	485地址号 09		发送电压入2+	485地址号 08		发送电压入2+	485地址号 07		发送电压入2+	485地址号 06		发送电压入2+	6
7					发送电压入2- 发送电压出2-			发送电压入2- 发送电压出2-			发送电压入2- 发送电压出2-			发送电压入2- 发送电压出2-			发送电压入2- 发送电压出2-	7
8	485B	接通信接口分机		FS	发送电压出2+		FS	发送电压出2+		FS	发送电压出2+		FS	发送电压出2+		FS	发送电压出2+	8
9																		9
10																		10
11					发送电压入3+			发送电压入3+			发送电压入3+			发送电压入3+			发送电压入3+	11
12					发送电压入3- 发送电压出3-			发送电压入3- 发送电压出3-			发送电压入3- 发送电压出3-			发送电压入3- 发送电压出3-			发送电压入3- 发送电压出3-	12
13				FS	发送电压出3+		FS	发送电压出3+		FS	发送电压出3+		FS	发送电压出3+		FS	发送电压出3+	13
14																		14
15																		15
16					发送电压入4+			发送电压入4+			发送电压入4+			发送电压入4+			发送电压入4+	16
17					发送电压入4- 发送电压出4-			发送电压入4- 发送电压出4-			发送电压入4- 发送电压出4-			发送电压入4- 发送电压出4-			发送电压入4- 发送电压出4-	17
18				FS	发送电压出4+		FS	发送电压出4+		FS	发送电压出4+		FS	发送电压出4+		FS	发送电压出4+	18

图 2–19　引导问题 4 图

引导问题 5：图 2–20 是什么图？

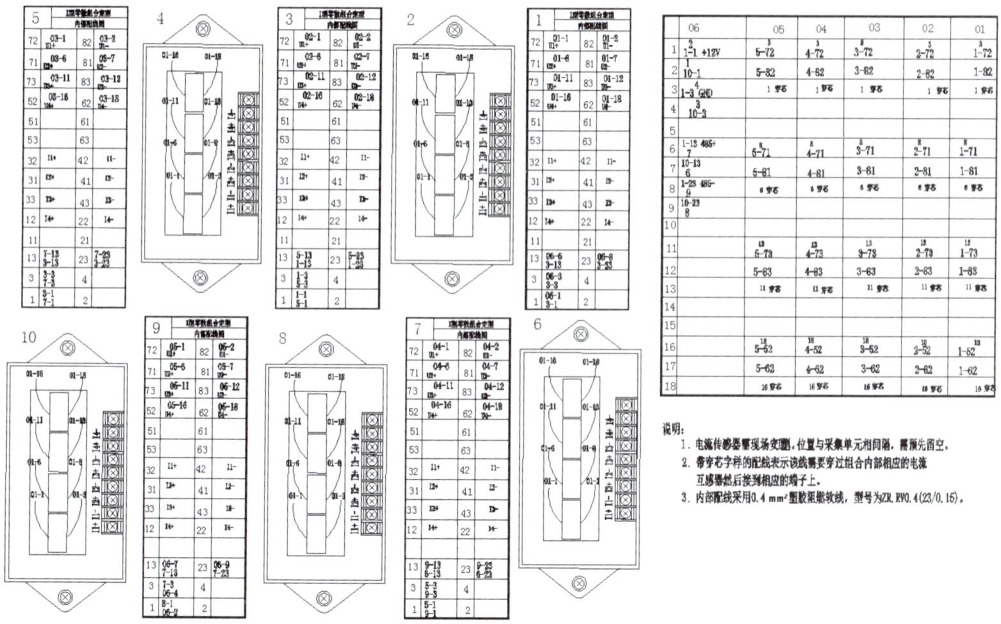

图 2–20　引导问题 5 图

2.4.7 工作实施

1. 工作流程

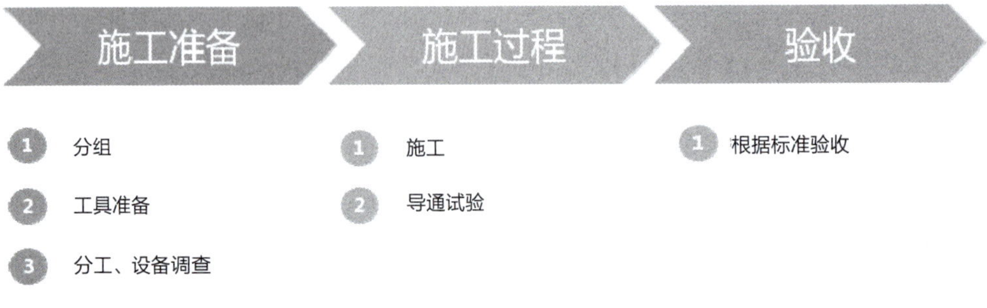

2. 工作实施

课前，学生扫描 2.4.6 节中的二维码开展自学；课中，教师带领学生走进实训室，在对移频轨道电路监测施工进行讲解后，学生完成移频轨道电路监测配线。

学生利用课余时间，以小组为单位完成 ZPW-2000A 型发送采集综合采集配线、ZPW-2000A 型接收采集综合采集配线并录制施工过程视频。

3. 检验完成情况

① 通过抽查小组成员，了解学生对施工图纸的理解情况。

② 学生利用课余时间录制完成移频轨道电路监测采集配线的过程视频，检查其完成情况。

2.4.8 评价反馈

1. 评价流程

2. 评价表

表 2-23 为任务评价表。

① 学生自评，并将结果填入学生自评栏中。

② 教师对学生工作过程与工作结果进行评价，并将评价结果填入教师综合评价栏中。

表 2–23　任务评价表

<table>
<tr><td colspan="3">项目 2　安装采集设备</td><td colspan="3">任务 2.4　实现移频轨道电路监测</td></tr>
<tr><td colspan="2">班级：</td><td colspan="2">姓名：</td><td colspan="2">学号：</td></tr>
<tr><td colspan="6">一、学生自评</td></tr>
<tr><td>序号</td><td>项目评价</td><td colspan="2">评价标准</td><td>分值</td><td>得分</td></tr>
<tr><td>1</td><td>施工图纸理解</td><td colspan="2">能正确指出采集设备安装位置，说出配线走向及配线点</td><td>40</td><td></td></tr>
<tr><td>2</td><td>设备施工配线</td><td colspan="2">能积极自主地录制配线施工过程</td><td>40</td><td></td></tr>
<tr><td>3</td><td>工作质量</td><td colspan="2">能按计划完成任务</td><td>10</td><td></td></tr>
<tr><td>4</td><td>协调能力</td><td colspan="2">与小组成员之间能合作交流，协调工作</td><td>10</td><td></td></tr>
<tr><td colspan="6">二、教师综合评价</td></tr>
<tr><td colspan="2">班级：</td><td colspan="2">姓名：</td><td colspan="2">学号：</td></tr>
<tr><td></td><td>项目评价</td><td colspan="2">评价标准</td><td>分值</td><td>得分</td></tr>
<tr><td colspan="2">考勤（10%）</td><td colspan="2">未出现无故迟到、早退、旷课现象</td><td>10</td><td></td></tr>
<tr><td rowspan="5">工作过程（70%）</td><td>小组互评</td><td colspan="2">客观、公平、公正</td><td>30</td><td></td></tr>
<tr><td>工作态度</td><td colspan="2">态度端正，工作认真，对不会的问题能主动提问</td><td>5</td><td></td></tr>
<tr><td>工作完整</td><td colspan="2">能按时完成任务</td><td>5</td><td></td></tr>
<tr><td>工作规范</td><td colspan="2">能按规范要求完成任务</td><td>10</td><td></td></tr>
<tr><td>成果展示</td><td colspan="2">能正确、自主地完成施工配线的任务</td><td>40</td><td></td></tr>
<tr><td rowspan="2">综合评价</td><td colspan="2">自评（40%）</td><td>教师评价（60%）</td><td colspan="2">综合得分</td></tr>
<tr><td colspan="2"></td><td></td><td colspan="2"></td></tr>
</table>

课后作业

完成发送综合继电器组合内部配线。

任务 2.5　实现直流道岔采集功能

2.5.1　任务导入

直流道岔采集是信号集中监测的重要环节。小李是某工程局电务负责人，通过采访了解到，首先要认识直流道岔采集设备并了解如何使用，之后还要懂得直流道岔监测采集原理，能够看懂直流道岔监测施工图纸，掌握施工方法及工艺，具备这些知识后才能够胜任直流道岔集中监测的施工任务。下面就从识读直流道岔监测采集原理图开始学习。

2.5.2　任务目标

学习目标	1. 了解直流道岔采集施工过程 2. 理解直流道岔采集原理 3. 认识直流道岔采集模块
能力目标	1. 能看懂直流道岔采集施工图纸 2. 能安装采集模块 3. 能根据图纸进行配线施工
素质目标	1. 培养学生认识新事物的能力 2. 培养学生自主学习的能力 3. 培养学生团队合作的精神 4. 培养学生精益求精的精神

2.5.3　任务分析

本次任务包含 2 个知识点（直流道岔监测采集内容及原理、直流道岔采集设备）和 1 个技能点（直流道岔监测采集安装与调试）。

转辙机是信号室外设备的三大件之一，它的运行质量涉及行车的安全，是信号维修人员重点维护的设备。通过微机监测系统采集转辙机的电气参数来分析转辙机的设备运行状态。直流电动转辙机适用于非提速区段及提速区段的侧线上，是现场常用的转辙机类型。直流电动转辙机动作电气特性参数的监测采集内容包括：动作电流曲线、1DQJ 状态、定位/反位表示。

1. 直流道岔电流采集

对道岔电流的测试，采用 WB 系列穿芯感应式电流传感器，可监测 10 A 以内各种波形的直流电流。这种传感器采用了线性双补偿霍尔原理，隔离彻底、响应快、耐冲击，0～100 mA 电流源通过取样电阻输出 0～3 V 标准电压。运用中常有几组道岔同时动作，为区分每个转辙机的工作状态和动作电流，保证实时监测，采集系统要求在每组道岔的动作回路中均串入该传感器。传感器采用固态模块，取样信号整理放大电路集成在模块里。主要用于直流电动转辙机动作电流（单相直流）隔离取样。模块为开口模块，中间为穿线孔，采集模块俯视图如图 2-21 所示。

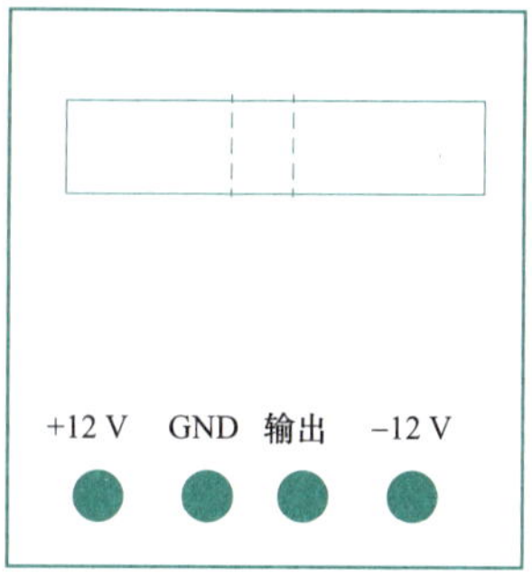

图 2-21　采集模块俯视图

采集点为直流电动转辙机，动作电流是在分线盘或组合选取动作电路回线。因所采集的系直流电流，还应注意区分穿线方向，其电流方向与模块上方箭头标注的方向相同。

直流道岔常用的转辙机为 ZD6 型电动转辙机，根据转辙机的设置有四线制和六线制。四线制道岔每台转辙机由室内送出两根启动去线（X1 和 X2），用于控制道岔的定位向反位转换及反位向定位转换。返回室内的电流回线为 X4。因此，电流采集可采集 X4 回线上的电流。四线制电流采集如图 2-22 所示。六线制道岔，室外有两台转辙机，如只采集 X4 回线，则获得的电流曲线是两台转辙机合并的曲线，无法区分单个转辙机的好坏，需要分开采集。因此，不能采集 X4 回线上的总电流，需使用两个传感器分别采集 1DQJ 至 2DQJF 间引往室外道岔的去线。六线制电流采集如图 2-23 所示。

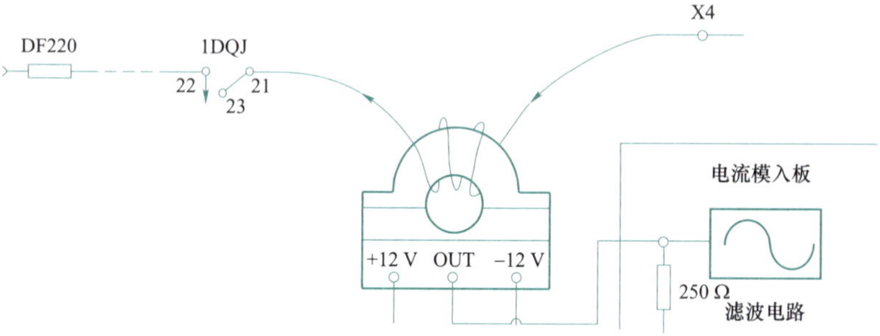

图 2-22　四线制电流采集

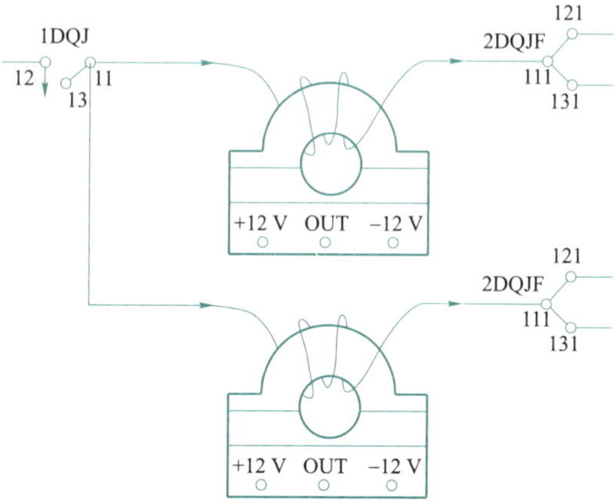

图 2-23　六线制电流采集

2. 1DQJ 接点监测及安全措施

道岔在转换时才会有动作电流，要监测道岔电流就必须监测道岔转换的起止时间。道岔采集机是通过采集 1DQJ 的落下接点状态来监测道岔转换起止时间的。

转换过程为：1DQJ 吸起、2DQJ 转极，道岔开始转换，转换完毕，1DQJ 落下。由于 1DQJ 的接点是开关量，并且 1DQJ 没有空闲接点，只能在半组空接点上（而且是半组落下空接点）采集开关量。利用半组空接点采集开关量，不可避免地会带有电气集中控制电源 KZ，其安全性设计十分重要。

1）6502 电气集中车站 1DQJ 监测

采用光电模块（光电耦合器）进行监测。在光电隔离模块的外侧原则上不应出现微机监测设备功出的电源，即完全排除微机监测电源混入电气集中设备的可能性。

利用电气集中控制电源的电流必须是受限制的，以避免产生有害影响。

图 2-24 为 1DQJ 接点状态监测电路图。

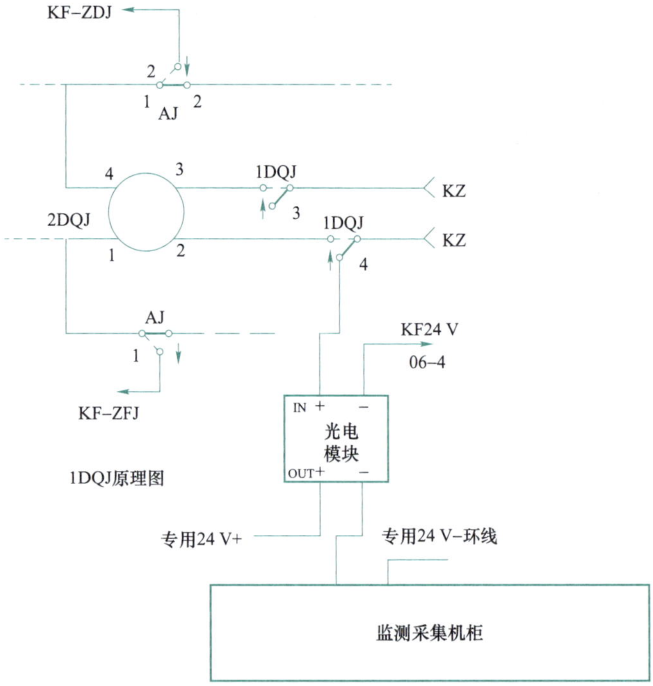

图 2-24　1DQJ 接点状态监测电路图

采用二次隔离：以专用采集模块实现一次隔离，在采集机内部开入板上实现二次隔离。确保控制电源不出现在模块外侧。采集模块就近安装在道岔组合 1DQJ 继电器后边，配线尽可能短，以减少混电的可能。模块的用电量很小，不会影响控制电源的工作。

2）微机联锁车站 1DQJ 监测

微机联锁设备没有 1DQJ，通常是采集 YCJ 允许操纵继电器的接点。因电路电源的特殊性，只能用接点状态采集器。

接点状态采集器依据电磁感应原理，通过线圈间的磁耦合实现开关量状态的传感，原理如图 2-25 所示。图中 J 是待检测继电器，接点 1-2 被信号设备使用，接点 1-3 为未使用的空接点。由于接点 1 是公共的，因此，1-3 称为半组空接点。传感器的一组感应线圈 L2 接在接点 1–3 间，另一组线圈接检测电路。检测电路检测线圈 L1 部分电路的震荡和停止震荡，L1 和 L2 通过磁场耦合。当 1–3 断开时，L1 线圈部分电路震荡电路起振，当 1–3 闭合时，L1 线圈部分电路停止起振。这样继电器的状态通过 L1 震荡电路的震荡和停止震荡反映出来。通过对 L1 震荡电路的处理就可得知继电器的状态。接点状态采集器隔离性能好，和信号设备只有一点接触，不并接也不串接在设备中，因此，不取设备的任何电流和电压，对设备无影响。1DQJ 监测采样原理图如图 2–26 所示。

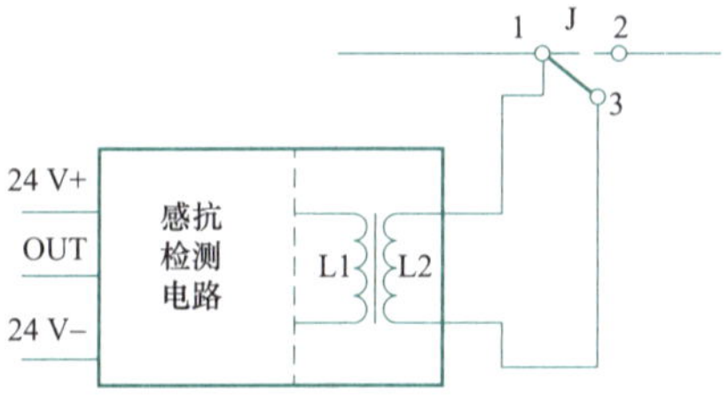

图 2–25　接点状态采集器原理图

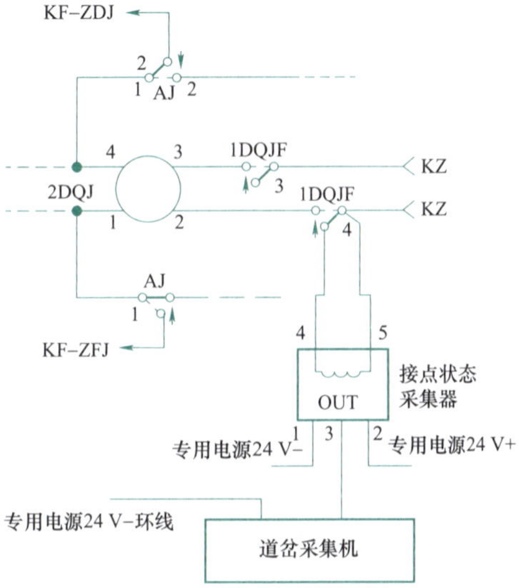

图 2–26　1DQJ 监测采样原理图

3. 道岔定位/反位表示信息采集

道岔定/反位表示是判断道岔位置的参考依据，微机通过监测道岔的定位/反位表示，记录道岔位置，描绘站场状态。

1）6502 电气集中车站定位/反位表示监测

在 6502 电气集中车站中，信号设备是以控制台道岔定位或反位表示灯来表示室外道岔位置的。在道岔表示灯电路里，采集表示灯电路的继电器接通条件即可。由于是在表示灯电路里采集条件，并且是开关量，所以必须经过电阻衰耗隔离和光电隔离，采集电路如图 2–27 所示。

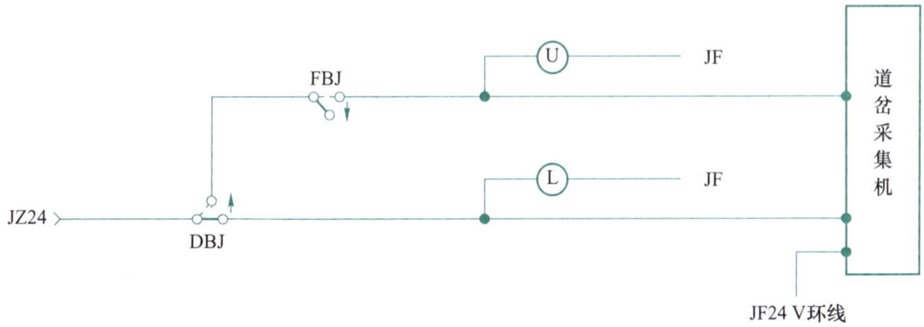

图 2–27　6502 电气集中车站定位/反位表示采样原理图

2）微机联锁车站（包括提速道岔）定位/反位表示监测

在微机联锁车站中，尽管微机联锁所传送的有定反表示的开关量信息，但是为了能够准确及时表示道岔信号设备的实时信息，为道岔动作和道岔断开表示等提供可靠的基本信息，所以在微机联锁站仍需要采集定反表示的状态。在道岔表示灯电路里，采集道岔表示继电器的接通条件即可，提速道岔的定位/反位表示采样与此相同。采样原理图如图 2–28 所示。

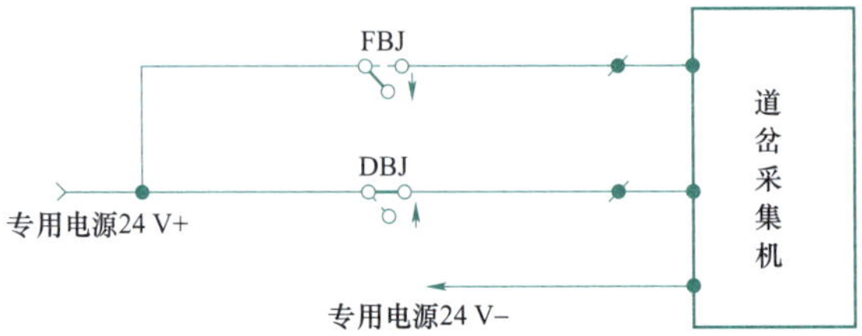

图 2–28　微机联锁车站定位/反位表示采样原理图

4. 采集设备认知

1）动作电流采集传感器

图 2–29 为动作电流采集原理图。

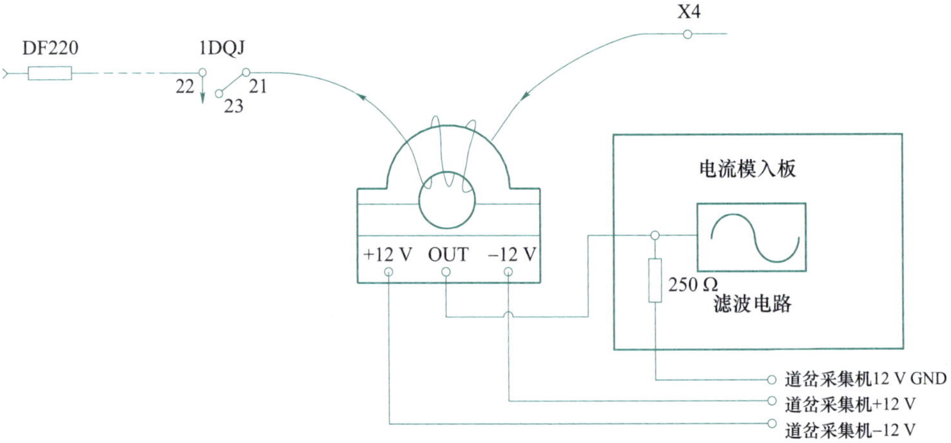

图 2–29　动作电流采集原理图

2）开关量采集器

开关量采集器用于采集道岔 1DQJ 的一组半空节点，通常是将一启动继电器第 4 组节点的 41 和 43 使用两根线配到开关量采集器的 4 号和 5 号两个端子上，3 号端子输出至三相道岔功率采集器或开入板，4 号和 5 号端子在开关量采集器内部是连通的，通过配线与 1DQJ 的节点形成一个闭合回路，1DQJ 的吸起和落下，对应了回路的接通和断开，同时反映到 3 号端子上的输出上。

当道岔不动作时，1DQJ 处于落下状态，开关量采集器的 4 和 5 两个端子通过 1DQJ 的落下节点构通，此时 3 号端子上输出 5 V 直流电压。当道岔转动时，1DQJ 吸起，4 号和 5 号端子之间断开，3 号端子上无输出。当道岔转动结束时，1DQJ 落下，4 号和 5 号端子重新构通，3 号端子上又有 5 V 输出。道岔功率采集器或道岔采集层的 CPU 板根据开关量采集器送来的 5 V 电压的有无来判断道岔动作的开始和结束时间，以记录道岔动作的功率或电流曲线。图 2–30 为 1DQJ 开关量采集原理图。

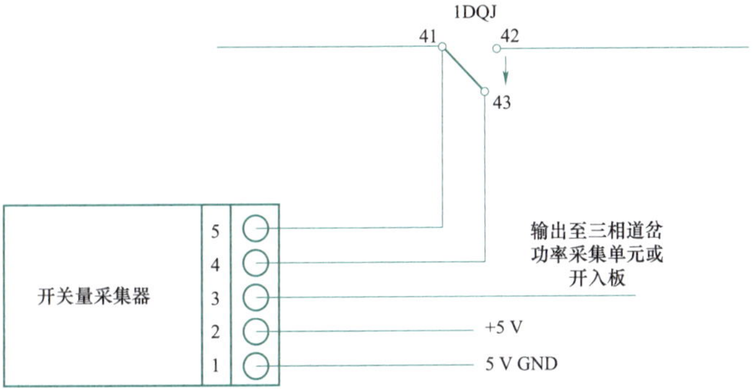

图 2-30　1DQJ 开关量采集原理图

3）直流道岔采集传感器

直流道岔采集使用采集模块型号：TC6AD3T-EJ（部件号：32008-325-04），采集模块配线示意图如图 2-31 所示。

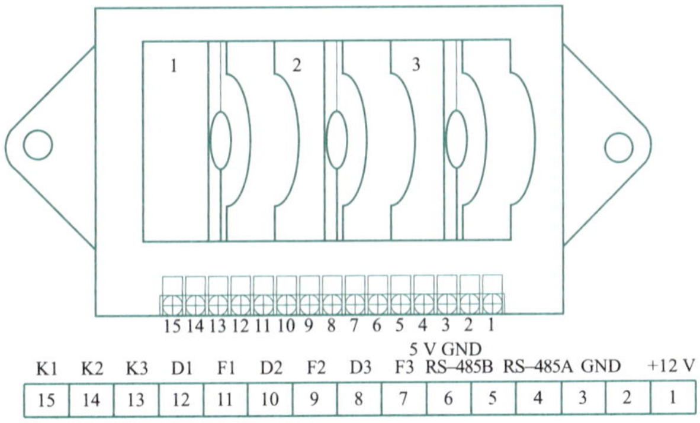

图 2-31　直流道岔采集模块配线示意图

其中 K1、K2、K3 分别对应电流传感器 1、2、3 所采集道岔的 1DQJ 采集。

D1、F1、D2、F2、D3、F3 分别对应电流传感器 1、2、3 所采集道岔的 DBJ 和 FBJ 开关量的采集。图 2-32 为直流道岔模块配线端子说明图。

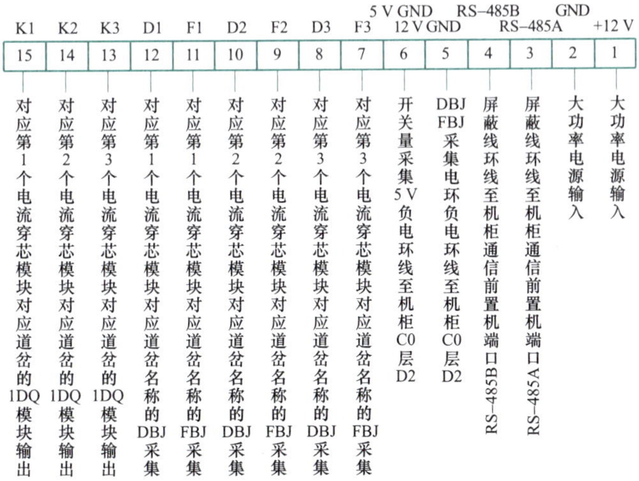

图 2-32　直流道岔模块配线端子说明图

5. 施工注意事项

1）四线制道岔监测配线施工

四线制直流道岔室外只有1台转辙机，因此，只需采集道岔启动电路中X4回线上的电流即可。采集模块可集中安装在分线盘的空位，或者机械室内靠近分线盘的组合架上。将道岔组合侧面至分线盘X4的回线拆下，经道岔电流传感器绕3匝，即孔内3根线，再接回原端子。每个采集模块可采集 3 个四线制道岔，须将对应道岔的 1DQJ 采集模块输出配到电流采集模块的K1、K2、K3上。

安装时需注意，道岔电流传感器孔内电源线上电流的方向应与传感器上标注的方向一致。

通过霍尔原理，传感器将流经孔内的直流电流按一定比例转换成直流电流输出至后级DSP芯片，经过数字处理后通过RS－485传送。工作电源使用机柜移频大功率电源的直流正12 V电源。开关量采集器的输入必须与模拟量一一对应。12 V和5 V电源环线采用1 mm^2塑胶阻燃软线在各模块间环接，型号为ZR.RV1.0（32芯ϕ0.2 mm）。RS－485通信线使用2芯屏蔽线在各模块间环接，型号为RVVSP 2芯ϕ0.4（23芯ϕ0.15 mm），每串模块不得超过20个。

2）六线制道岔监测配线施工

六线制直流道岔启动电路经过1DQJ后分成两束，分别给室外的两台转辙机供电。因此，TC6AD3T－EJ模块用支架安装在道岔组合内部，将从1DQJ至2DQJF间的两根启动电源线拆下，分别经过两个电流采集模块穿芯后，再接回原端子。若1DQJ的11节点是经过保护器后再接2DQJF，采集线在保护器之后。

每个采集模块可采集3路电流，因此，采集EJ道岔时只用其中的1、2两个电流传感器，另一个预留备用。对应道岔的1DQJ采集模块输出要配到电流采集模块的K1、K2上，分别对应1和2两个传感器内采集的电流。

施工时更换组合内部1DQJ第1组节点至2DQJF上111、121的线，将新放的线在同名的可开口式穿芯直流电流模块上的穿芯孔内穿3圈，注意电流方向。使用配线与原组合配线一致。EJ型道岔电流采集模块分散安装在道岔组合内部背面，每层道岔组合安装一个电流采集模块，使用其中第1和第2个互感器分别采集道岔E机和J机的电流。每个采集模块的K1、K2、K3三个接线端子，使用其中的K1、K2两个，分别对应E机和J机的道岔的1DQJ采集开关量模块输出配线。5 V GND为对应开关量采集的5 V地线，各模块之间环接在一起。模块工作用电为12 V直流电源，各模块间环接在一起，并首尾双环。输出两对线接机柜电源端子。每一环上最多接20个模块。如现场条件允许，可利用各组合架零层 3 个空的接线端子，用1.5 mm^2电源线将5 V GND、+12 V、12 V GND在各组合架间环接起来，并双环接机柜电源端子。然后再从零层配线至各层。模块输出为RS－485总线的数字输出，各模块间的RS－485端子环接起来形成一条RS－485总线，A与A环，B与B环。每条RS－485总线上最多不得超过20个采集模块，即每两层采集组合的模块RS－485通信环起来（不必首尾双环），输出一对线，RS－485通信线接通信接口分机的一个接口。

开关量采集配线使用0.4 mm^2阻燃软线，型号为ZR.RV0.4（23芯ϕ0.15 mm）。12 V和5 V电源环线使用1 mm^2塑胶阻燃软线，型号为ZR.RV1.0（32芯ϕ0.2 mm）。红线

为+12 V，蓝线为 12 V GND，黄线为 5 V GND。当电源线通过组合架零层端子环接时使用 1.5 mm^2 阻燃软线，型号为 ZR.BV1.5（7 芯ϕ0.52 mm），红线为+12 V，蓝线为 12 V GND，黄线为 5 V GND。RS−485 通信线使用两芯 0.4 mm^2 屏蔽双绞线，型号为 RVVSP 2 芯ϕ0.4（23 芯ϕ0.15 mm）。

2.5.4 任务实施

表 2−24 为任务实施说明表。

表 2−24 任务实施说明表

任务	完成直流道岔采集监测施工
沟通	开展专题讨论，讨论完成该任务应该具备哪些知识，准备哪些工具
准备	学生采用随机的形式分组，组内做好分工，准备好工具，明确工作进度和要求
实施	步骤： 1. 准备好实训设备及工具 2. 收集直流道岔集中监测标准施工照片 3. 完成直流道岔集中监测施工及调试 4. 依据配线图、标准施工工艺照片完成配线工作

2.5.5 工作单

表 2−25 为工作单。

表 2−25 工作单

班级： 姓名： 学号： 完成时间： 任务名称：	
沟通	操作名称与描述： 完成情况：
准备	操作名称与描述： 完成情况：
实施	第一步： 操作名称与描述： 完成情况： 第二步： 操作名称与描述： 完成情况：
整理	操作名称与描述： 完成情况：

2.5.6 准备工作

1. 扫码看课

2. 工具材料准备

表 2–26 为工具材料表。

表 2–26 工具材料表

工具	材料	设备
螺丝刀	阻燃软线	电流传感器
剥线钳	焊锡	开关量采集器
斜口钳		信号集中监测站机
钢丝钳		道岔表示电压采集器
电烙铁		

2.5.7 工作实施

1. 分组

表 2–27 为分组表。

表 2–27 分组表

<table>
<tr><td>班级</td><td></td><td>组号</td><td></td><td>组长</td><td></td></tr>
<tr><td rowspan="4">组员</td><td>姓名</td><td>角色</td><td>姓名</td><td colspan="2">角色</td></tr>
<tr><td></td><td></td><td></td><td colspan="2"></td></tr>
<tr><td></td><td></td><td></td><td colspan="2"></td></tr>
<tr><td></td><td></td><td></td><td colspan="2"></td></tr>
</table>

2. 工作流程

施工准备 → 施工过程 → 验收

施工准备：
1. 分组
2. 工具准备
3. 分工、设备调查

施工过程：
1. 施工
2. 导通试验

验收：
1. 根据标准验收

3. 工作实施

课前，学生扫描 2.5.6 节中的二维码开展自学；

课中，教师带领学生走进实训室，对直流道岔监测施工进行讲解后，学生完成直流道岔监测采集配线；

课后，学生利用课余时间，以小组为单位完成直流道岔监测采集配线并录制施工过程视频。

4. 检验完成情况

① 通过抽查小组成员，了解学生对施工图纸的理解情况。

② 检查学生利用课余时间所录制完成的移频轨道电路监测采集配线的过程视频。

2.5.8　评价反馈

1. 评价流程

2. 评价表

① 学生自评，并将结果填入学生自评栏中。

② 教师对学生工作过程与工作结果进行评价，并将评价结果填入教师综合评价栏中。

表 2－28　任务评价表

项目 2　安装采集设备		任务 2.5　实现直流道岔采集功能		
班级：		姓名：	学号：	
一、学生自评				
序号	项目评价	评价标准	分值	得分
1	施工图纸理解	能正确指出采集设备安装位置，说出配线走向及配线点	40	
2	设备施工配线	能积极自主地录制配线施工过程	40	
3	工作质量	能按计划完成任务	10	
4	协调能力	与小组成员之间能合作交流，协调工作	10	

续表

二、教师综合评价				
班级：		姓名：	学号：	
	项目评价	评价标准	分值	得分
考勤（10%）		未出现无故迟到、早退、旷课现象	10	
工作过程（90%）	小组互评	客观、公平、公正	30	
	工作态度	态度端正，工作认真，对不会的问题能主动提问	5	
	工作完整	能按时完成任务	5	
	工作规范	能按规范要求完成任务	10	
	成果展示	能正确、自主地完成施工配线的任务	40	
综合评价	自评（40%）	教师评价（60%）	综合得分	

课后作业

1. 结合图 2-33，说明采集模块的电源需要从哪里接，采集模块电源为什么样的电源，电压为多少？图中 1F 代表的是什么含义？

2. 结合图 2-33，采用什么样的连接方式才可以采集到道岔动作电流？为什么要与 X4 进行连接？绕线方式需要注意哪些事项？

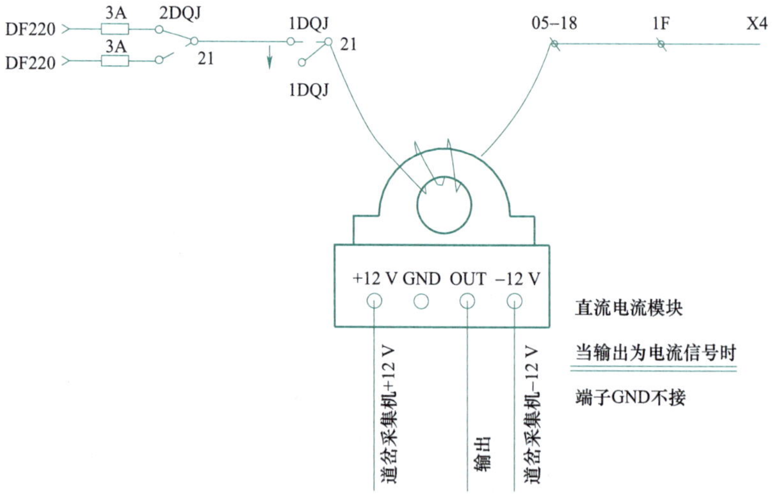

图 2-33　直流道岔采集示意图

3. 图 2-34 采集的是什么信息？采集模块的电压需要从哪里获取？采集的信息送到哪里？

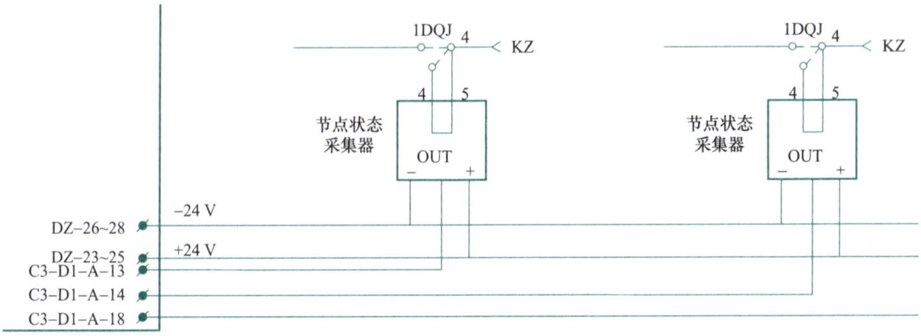

图 2-34　开关量采集原理图

4. 如图 2-35 所示，什么样的信息采集需要这样的连接方式？2DQJF 是什么类型的继电器？A-X1 代表什么含义？

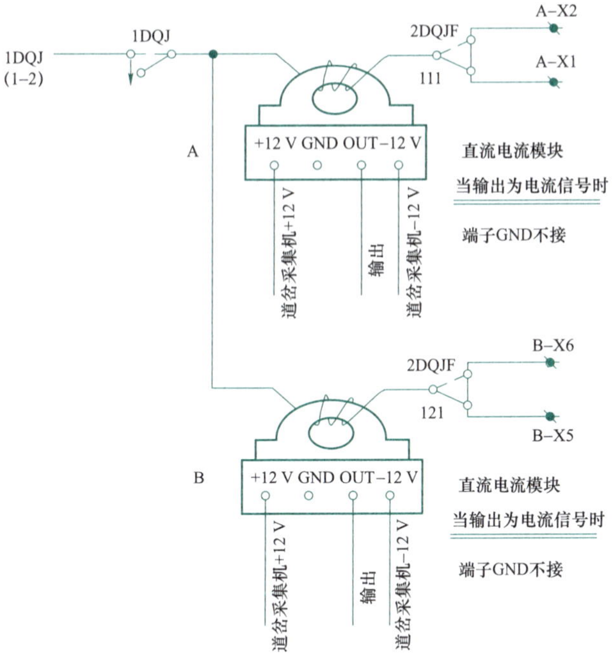

图 2-35　六线制道岔电流采集原理图

任务 2.6　实现三相交流道岔采集

2.6.1　任务导入

交流道岔采集是信号集中监测的重要环节。小李是某工程局电务负责人，通过采访了解到，首先要认识交流道岔采集设备并了解如何使用，之后还要懂得交流道岔监测采集原理，能够看懂交流道岔监测施工图纸，掌握施工方法及工艺。具备这些知识后才能够胜任交流道岔集中监测的施工任务。下面就从识读交流道岔监测采集原理图开始学习。

2.6.2 任务目标

学习目标	1. 了解三相道岔采集施工过程 2. 理解三相交流道岔采集原理 3. 认识三相交流道岔采集模块
能力目标	1. 能看懂三相交流道岔采集施工图纸 2. 能安装采集模块 3. 能根据图纸进行配线施工
素质目标	1. 培养学生认识新事物的能力 2. 培养学生自主学习的能力 3. 培养学生团队合作的精神

2.6.3 任务分析

本次任务包含：2 个知识点（交流道岔监测采集内容及原理和交流道岔采集设备）和 1 个技能点（交流道岔监测采集安装与调试）。

三相交流转辙机是高速铁路常用的道岔转换设备，它的运行质量直接关系到高铁运输的安全。监测三相交流转辙机的电气特性，掌握设备运行质量是现场的重要工作。

电动转辙机的输出工作拉力直接反映其工作情况和道岔的安装运用状态，而转辙机实际推拉力由其动作功率直接体现。现场维护人员准确掌握转辙机的工作状态，关键就是了解转辙机的动作功率。对于直流转辙机，实时功率是 $P=U\cdot I$，其中 U 为定值，电流 I 的实时变化正比于功率 P，因此，电流曲线可以如实地反映功率的变化。对于交流转辙机，实时功率计算公式 $P=U\cdot I\cdot\cos\alpha$，其中 α 是相电压与相电流间的夹角。在道岔动作过程中，U 的峰值基本恒定，I 的峰值只有在启动和截止过程中有较大变化，在动作过程中变化不大，真正影响功率数值变化的是电压与电流间的夹角 α。对于交流转辙机只采集动作电流，就不能准确地反映出道岔动作的过程。因此，三相交流电动转辙机采集的内容就包括：动作电流曲线、动作功率曲线、1DQJ 状态、定位/反位表示。

1. 三相交流道岔功率及定反表示采集

1）功率采集

三相交流道岔功率采集，需同时采集道岔的三相电压和三相电流，然后计算功率数值。三相电压采集道岔断相保护器的 11、31、51 上的电压，可从三相交流道岔组合内部增配线至组合侧面，然后配线到监测采集组合。注意采集点必须在该道岔组合层三相断路器之后。同时将提速屏的 380 V 电压的中心零线配到监测采集组合，用作三相的相电压采集参考线。三相电流采集道岔断相保护器的 21、42、61 上输出到 1DQJ 和 1DQJF 上的启动电源线。

同上述一样，电流的采集需要将电流传感器安装在电路中正确的位置，经过的绕匝符合规定，电流方向与所表示的电流方向一致，注意传感器孔内道岔电流向室外的流向应与传感器上标注的电流方向一致。电流传感器将感应的电流转换成交流电压信号，输出至功率采集单元。提速功率 1DQJF 开关量采集模块输出也需配到功率采集单元上，用于采集道岔启动和结束时间。

2）定反表示采集

如图 2-36 所示，通常三相交流道岔 DBJ 或 FBJ 有一组空接点，监测在此空接点

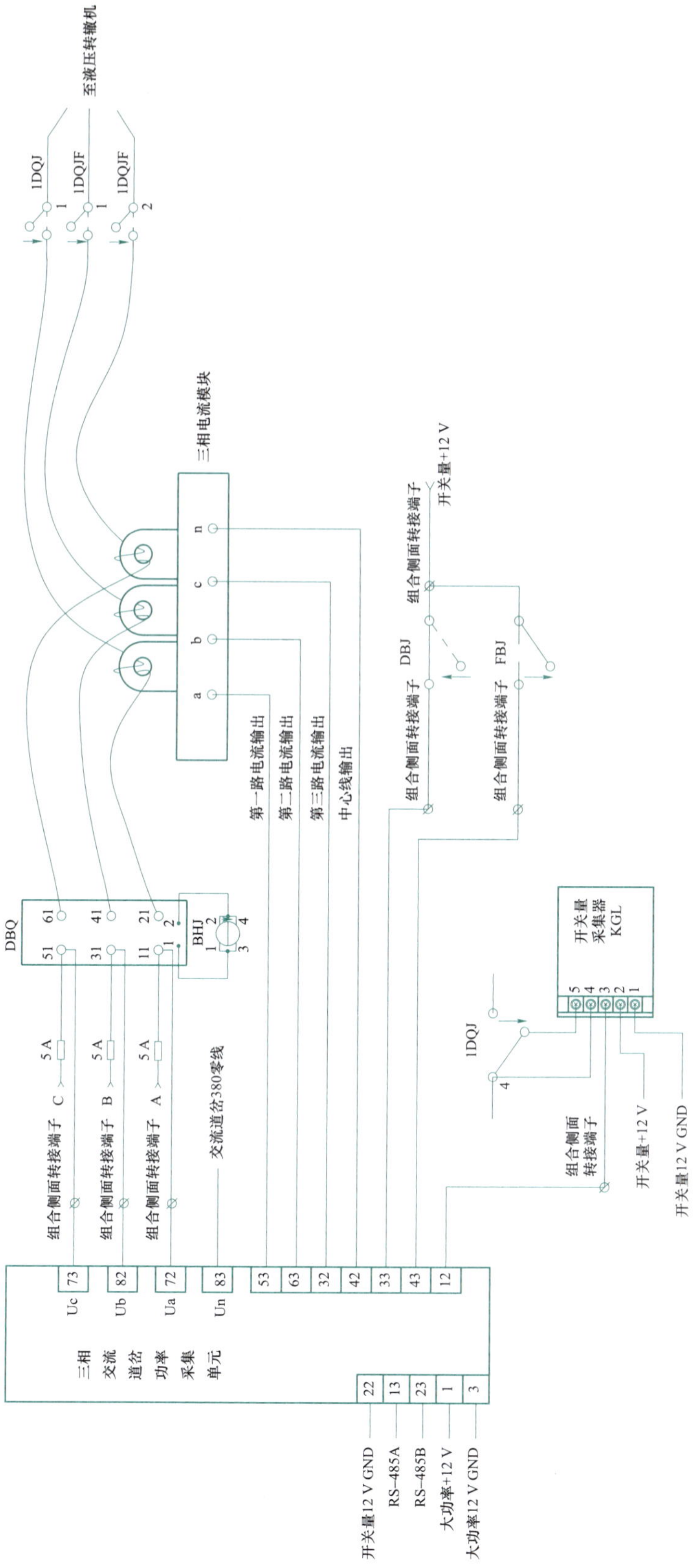

图 2-36 三相道岔功率采集原理图

上完成采集。DBJ 或 FBJ 开关量采集使用开关量+12 V 电源，电源配至道岔组合侧面上。如果 DBJ 或 FBJ 继电器没有空接点时需增加相应的复示继电器，采集时用复示继电器的空闲接点。

图 2–37 为功率采集器定义示意图。

MODEL: TC6AP–J			
72	Ua	82	Ub
71		81	
73	Uc	83	Un
52		62	
51		61	
53	Ia	63	Ib
32	Ic	42	In
31		41	DFBGND
33	IN4+	43	IN5+
12	IN3+	22	12 V GND
11		21	
13	485A	23	485B
3	GND	4	GND
1	+12 V	2	

IN1: 0～450 V AC
IN2: 0～5 A
IN3: 1DQJ开关量
IN4,IN5: 定反位开关量
OUT: RS–485
POWER: +12 V
S/N:
出厂地址:

图 2–37　功率采集器定义示意图

图 2–38 为提速道岔电流采集模块结构图。

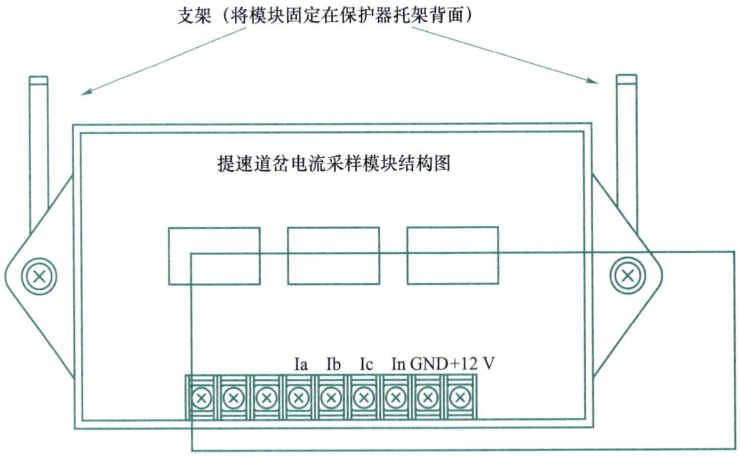

图 2–38　提速道岔电流采集模块结构图

2. 道岔表示电压采集

1）实现功能

通过对道岔表示电压的监测，在表示继电器不能励磁时，可以分析出道岔表示电路中的故障点。如室内断线、室外断线、室外混线、二极管短路、继电器断线、电容断线、电容短路、表示保险熔断等故障。

2）监测对象与监测点

道岔表示电压的监测对象是道岔表示继电器的交流电压和直流电压，其监测点是分线盘的道岔表示端子。

3）监测原理与处理流程

采集机对采样到的电压信号经过高阻模块隔离后，进行隔离转换，通过信号调理，运放电路进行低通滤波，再经过程序的处理分离出信号中的交流成分和直流成分，并通过计算得到信号的直流和交流有效值，最后通过 AD 转换，经 DSP 处理后通过 CAN 总线上送至上位机进行显示、存储。

图 2－39 为道岔表示电压采集流程图。图 2－40 为提速道岔表示电压采样原理图。

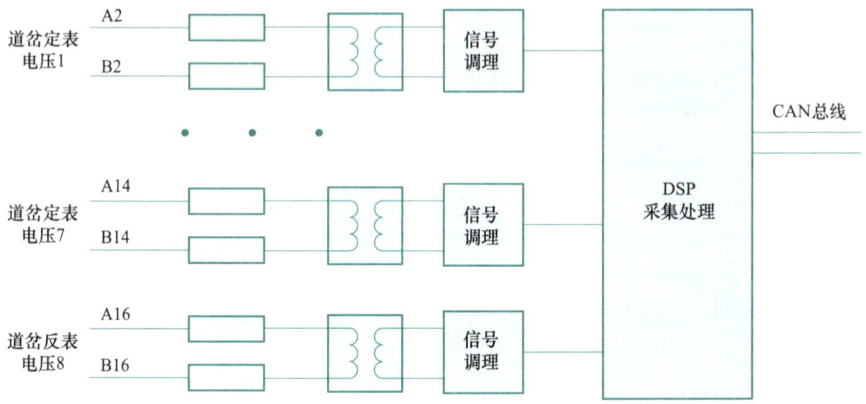

图 2－39　道岔表示电压采集流程图

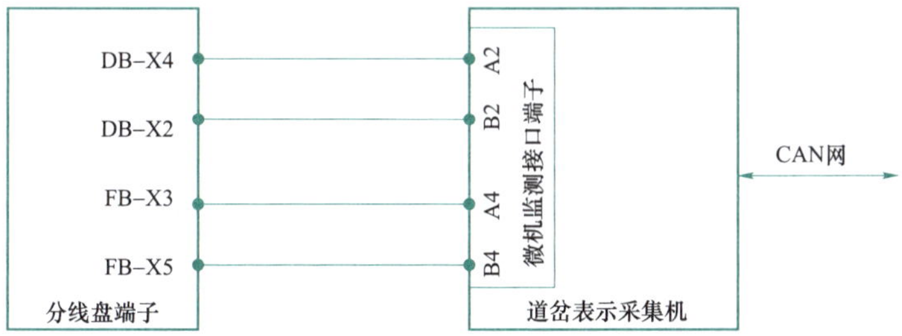

图 2－40　提速道岔表示电压采样原理图

道岔表示采集经道岔室外表示二极管回送的表示，在采集的线上同时存在交流和直流电压。每个道岔采集单元可采集 4 组道岔的表示电压。每个道岔定位和反位各两根采集线。

三相交流道岔，定位表示电压采集分线盘 X4 和 X2，X4 为正，X2 为负；反位表示采集分线盘 X3 和 X5，X3 为正，X5 为负。直流道岔，定位表示采集分线盘 X1 和 X3，X1 为正，X3 为负；反位表示采集分线盘 X3 和 X2，X3 为正，X2 为负。

道岔表示电压和轨道电压的监测相对简单，只需逐一比较采集点（分线盘），采集组合侧面和采集单元底座上的电压是否一致。如果不一致则是相关配线有误，如果一致而程序显示不对，则应该检查采集单元是否故障或程序配置是否有误。

道岔表示电压是交直流混合采集，即在两根采集线上，既含直流电压又含交流电压。因此，采集配线的正负很重要，如正负配线配反，程序上将显示不出直流电压的数值。交流道岔在一个位置时（定位或反位）交流电压约为 60 V，直流电压约为 20 V。采集单元工作的 12 V 直流电源对道岔表示采集数值影响较大，当电源低到 9 V 以下时，会造成表示电压的数值超高。一个直流道岔表示电压智能采集器能采集四组道岔，一个三相道岔表示电压采集器能采集两组道岔。图 2-41 为道岔表示采集原理图。

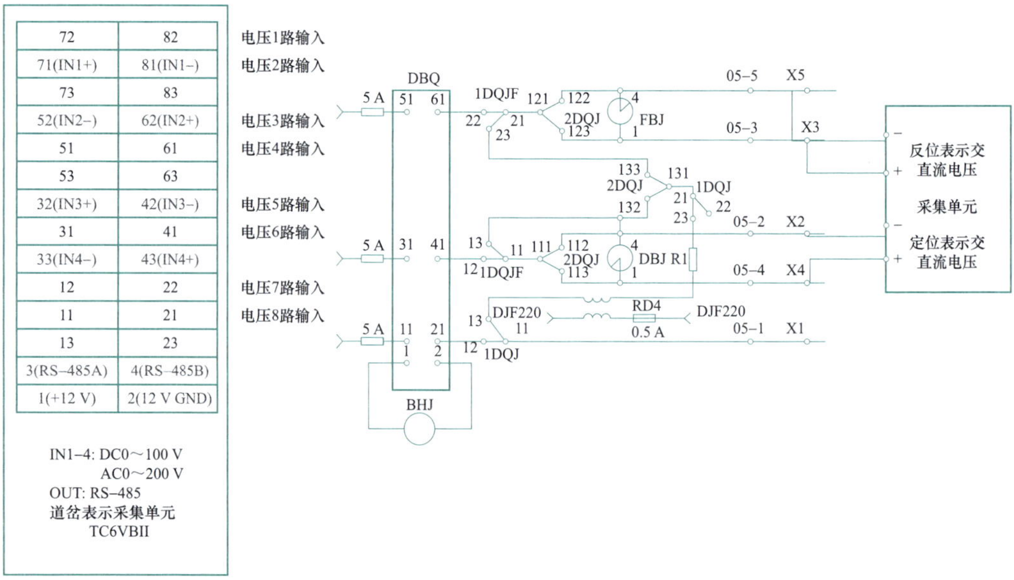

图 2-41　道岔表示采集原理图

3. 三相交流道岔监测配线施工注意事项

（1）三相电压分别从断相保护器的 11、31、51 节点上采集。

（2）三相电流使用将断相保护器 21、41、61 的输出组合内部配线，经过电流采集模块穿孔采集，提速功率电流采集模块安装在每层道岔组合背面。

（3）1DQJ 采集每层提速组合内一启动继电器的一组低压半空落下接点，开关量采集模块也分散安装在道岔组合背面，与电流采集模块安装在一起。

（4）1DQJ 开关量采集，使用开关量模块采集组合 1DQJ 或 1DQJF 继电器的第 4 组半空接点的中接点和后接点。目前统一采集 1DQJ 的第 4 组接点。

（5）开关量采集模块使用的 5 V 电源利用道岔组合侧面空端子进行环接，电源线和输出配线都经过侧面转接，道岔组合侧面的转接点通常为：

+5 V：02－17；

5 V GND：02－18；

开关量输出：02－16。

（6）三相道岔分表示采集每个转辙机组合的 DBJ 和 FBJ 的一组空接点的前接点。通常统一采集 DBJ 和 FBJ 继电器的第 6 组接点。采集使用 12 V 直流电源，将正电在各道岔组合侧面环接，采集配线经组合侧面转接后配往采集组合，在采集组合侧面环接 12 V 电源的负电。

（7）1DQJ 开关量的采集对于功率曲线至关重要，在调试之初，首要核对 1DQJ 的 5 V 电有没有送到提速采集单元上去，当对应道岔动作时，5 V 是否变为 0。可用万用表量采集单元的 12、22 两点。

（8）因为是功率曲线，电流要与电压比较相位角，因此，电流采集的穿孔方向是固定的，不能像交流电流采集那样无方向性。出于倍率简单的考虑，电流线在传感器中一般绕两匝，即孔内两根线。

（9）三相的电压与电流必须匹配，即 A 相电压对 A 相电流等。在断相保护器上，从下到上分别是 A 相、B 相和 C 相。要核对采集是否正确，可以用万用表对断相保护器和功率采集单元的 A 相对 A 相，B 相对 B 相，C 相对 C 相量电压，应该都为 0。电流线可将采集单元拔掉，然后引线核对底座端子与电流采集模块输出的线是否正确。

（10）有时 380 V 的零线，道岔组合零层没有，需要从电源屏上引出。零线对各相间电压都是 220 V，可以先逐个量一下电压，以确定零线和其他线的位置没有接错。

（11）目前常用的 ZYJ7 型道岔，当正常工作时，每相功率数值一般在 150 W 左右，总功率为 450 W。

（12）三相交流道岔的电流采集传感器为了保留交流电流的相位特性，输出为直流载波的交流信号。输出为三相四线，即 ABC 三相电流加一根中心零线。正常情况下在电流传感器输出配线配到交流功率采集单元上，且当模块正常上电工作时，用万用表直流档可在电流传感器的三相电流输出点对 12 V GND 分别量到约 1.2 V 的直流电压。如量不到此电压，可判断电流传感器损坏。在道岔动作时可在三相电流输出对中心零线能量到 0.1 V 左右的交流电压。图 2－42 为三相交流道岔采集设备安装示意图。

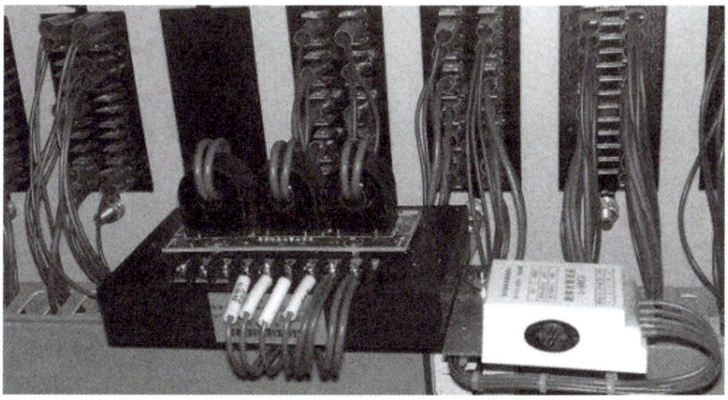

图 2－42　三相交流道岔采集设备安装示意图

2.6.4 任务实施

表 2-29 为任务实施说明表。

表 2-29 任务实施说明表

任务	完成交流道岔监测施工工作
沟通	开展专题讨论，讨论完成该任务应该具备哪些知识，准备哪些工具
准备	学生采用随机的形式分组，组内做好分工，准备好工具，明确工作进度和要求
实施	步骤： 1. 准备好实训设备及工具 2. 收集交流道岔集中监测标准施工照片 3. 完成交流道岔集中监测施工及调试 4. 依据配线图、标准施工工艺照片完成配线工作

2.6.5 工作单

表 2-30 为工作单。

表 2-30 工作单

班级：　　姓名：　　学号：　　完成时间： 任务名称：	
沟通	操作名称与描述： 完成情况：
准备	操作名称与描述： 完成情况：
实施	第一步： 操作名称与描述： 完成情况： 第二步： 操作名称与描述： 完成情况：
整理	操作名称与描述： 完成情况：

2.6.6　准备工作

1. 扫码看课

2. 工具材料准备

表 2–31 为工具材料表。

表 2–31　工具材料表

工具	材料	设备
螺丝刀	阻燃软线	电流传感器
剥线钳	焊锡	开关量采集器
斜口钳		信号集中监测站机
钢丝钳		道岔表示电压采集器
电烙铁		三相道岔功率采集器

2.6.7　工作实施

1. 分组

表 2–32 为分组表。

表 2–32　分组表

班级		组号		组长	
组员	姓名	角色	姓名	角色	

2. 工作流程

施工准备

1. 分组
2. 工具准备
3. 分工、设备调查

施工过程

1. 施工
2. 导通试验

验收

1. 根据标准验收

3. 工作实施

① 确定小组任务，按照教师要求，以小组为单位进行讨论。

② 举例进行讲解，确定最终完成的目标。

③ 根据施工图纸，进行图纸识读。

4. 检验完成情况

① 采用抢答的方式，各小组对教师提出的问题进行抢答，了解学生对图纸的掌握情况。

② 采用随机提问的方式，对小组内各成员掌握情况进行检验。

③ 对各小组图纸和施工配线情况进行检验。

2.6.8 评价反馈

1. 评价流程

2. 评价表

表 2-33 为任务评价表。

① 学生自评，并将结果填入学生自评栏中。

② 教师对学生工作过程与工作结果进行评价，并将评价结果填入教师综合评价栏中。

表 2-33 任务评价表

项目 2 安装采集设备		任务 2.6 实现三相交流道岔采集		
班级：		姓名：	学号：	
一、学生自评				
序号	项目评价	评价标准	分值	得分
1	工具准备清单	能正确配置工具清单	15	
2	采集设备安装	能正确安装采集设备	15	
3	布线	能正确布线	15	
4	配线焊接	能按标准进行焊接	15	
5	导通	能根据配线图导通	20	
6	工作质量	能按计划完成任务	10	
7	协调能力	与小组成员之间能合作交流，协调工作	10	

续表

<table>
<tr><td colspan="5">二、教师综合评价</td></tr>
<tr><td colspan="5">班级：　　　　　　　姓名：　　　　　　　学号：</td></tr>
<tr><td></td><td>项目评价</td><td>评价标准</td><td>分值</td><td>得分</td></tr>
<tr><td colspan="2">考勤（10%）</td><td>未出现无故迟到、早退、旷课现象</td><td>10</td><td></td></tr>
<tr><td rowspan="9">工作过程（90%）</td><td>工具准备清单</td><td>能正确配置工具清单</td><td>10</td><td></td></tr>
<tr><td>采集设备安装</td><td>能正确安装采集设备</td><td>15</td><td></td></tr>
<tr><td>布线</td><td>能正确布线</td><td>15</td><td></td></tr>
<tr><td>配线焊接</td><td>能按标准进行焊接</td><td>15</td><td></td></tr>
<tr><td>导通</td><td>能根据配线图导通</td><td>15</td><td></td></tr>
<tr><td>工作态度</td><td>态度端正，工作认真，对不会的问题能主动提问</td><td>5</td><td></td></tr>
<tr><td>工作完整</td><td>能按时完成任务</td><td>5</td><td></td></tr>
<tr><td>工作规范</td><td>能按规范要求完成任务</td><td>5</td><td></td></tr>
<tr><td>成果展示</td><td>能准确表达、汇报工作成果</td><td>5</td><td></td></tr>
<tr><td rowspan="2">综合评价</td><td>自评（40%）</td><td>教师评价（60%）</td><td colspan="2">综合得分</td></tr>
<tr><td></td><td></td><td colspan="2"></td></tr>
</table>

课后作业

1. 三相交流电动转辙机动作电气特性参数的监测内容包括哪些内容？

2. 如图 2-43 所示，DBQ 是什么设备，采集模块与 DBQ 怎样连接？

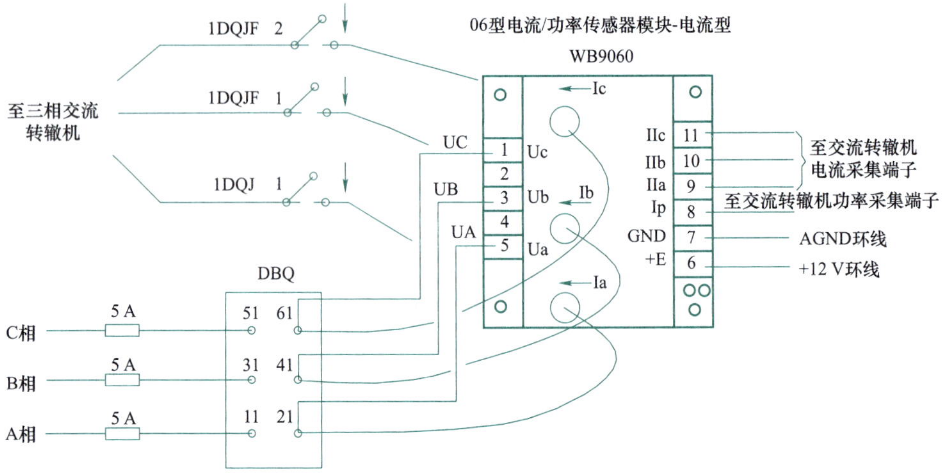

图 2-43 作业 2 题图

3. 如图 2-44 所示，1J1 为（　　　　　　），11-5 为（　　　　　　　　），Ia 为（　　　　　）。

道岔名称		组合位置	功率模块端子号	
1J1	A相电流	11-5	Ia	1
	B相电流		Ib	2
	C相电流		Ic	3
	功率		Ip	4
1J2	A相电流	11-4	Ia	5
	B相电流		Ib	6
	C相电流		Ic	7
	功率		Ip	8

图 2-44 作业 3 题图

4. 如图 2-45 所示，采集的信息为什么信息，其中 DBJ-82 代表什么含义？

	道岔表示名称		道岔表示继电器采集端子	
9	1J1	DBJ	11-5	DBJ-82
10		FBJ		FBJ-82
11	1J2	DBJ	11-4	DBJ-82

图 2-45 作业 4 题图

5. 如图 2–46 所示，采集的信息是什么信息，其中 1DQJF 代表什么含义？

1	1J1	1DQJF	11–5	OUT–3
2	1J2	1DQJF	11–4	OUT–3
3	3J1	1DQJF	11–3	OUT–3
4	3J2	1DQJF	11–2	OUT–3
5	5J1	1DQJF	12–5	OUT–3
6	5J2	1DQJF	12–4	OUT–3

图 2–46　作业 5 题图

1DQJF 的接点状态信息，反映的是 1DQJ 的状态，即反映出是否有操作的意图。

6. 三相交流道岔，定位表示电压采集分线盘（　　）和（　　），（　　）为正，（　　）为负。反位表示采集分线盘（　　）和（　　），（　　）为正，（　　）为负。

任务 2.7　实现电源屏监测

2.7.1　任务导入

信号电源屏是为铁路信号设备提供安全、可靠的供电电源的设备。它的监测是信号集中监测的重要任务。小李是某工程局电务负责人，通过采访了解到，要想胜任该项工作首先要了解电源屏的基础知识，之后认识电源屏的采集设备，懂得电源屏的采集监测原理，能够看懂监测施工图纸，掌握施工方法及工艺。具备这些知识后才能够胜任电源屏监测的施工任务。下面就从识读电源屏监测图纸开始学习。

2.7.2　任务目标

学习目标	1. 了解电源屏采集原理 2. 认识电源屏采集设备
能力目标	1. 能看懂电源屏采集施工图纸 2. 能安装采集模块 3. 能根据图纸进行配线施工
素质目标	1. 培养学生认识新事物的能力 2. 培养学生自主学习的能力 3. 培养学生团队合作的精神

2.7.3　任务分析

本次任务包含：2 个知识点（电源屏监测采集内容及原理和电源屏采集设备）和 1 个技能点（电源屏监测采集安装与调试）。

1. 监测的必要性

在信号系统中，电源屏提供信号设备所需的各种电源。电源屏的工作状态直接影响信号设备的工作，集中监测系统通过对电源屏的监测，为信号设备的供电质量分析提供依据。

2. 采集原理

智能电源屏自带采集终端，CSM 与该终端通过 RS−485 接口获取 709 号文规定的各种信息。而非智能化电源屏则需 CSM 系统进行数据的采集检测。非智能化电源屏电压监测的对象是：电源屏的输入和输出电压，电流和 25 Hz 电源的电压、频率、相位角等。使用采集器组合进行监测。

电源屏电压采集输入一、二路电源和电源屏的各类输出电压。输入电源采集配线点在电压的输入断路器外侧端子，输出电源的采集配线点在输出空开外侧相应的配线端子上。在组合架上安装保险丝组合，采集信号必须经过组合架上保险丝组合后，进入电源屏电压采集设备。电源屏电压采集设备采用电压变压器隔离方式进行信号的隔离转换，将转换后的低压信号接入采集机。电流采用非接触式的开口式互感器，与设备不直接接触，其输出线通过低压端子进入电源屏电压采集设备。图 2−47 为电源屏电压采集流程图。

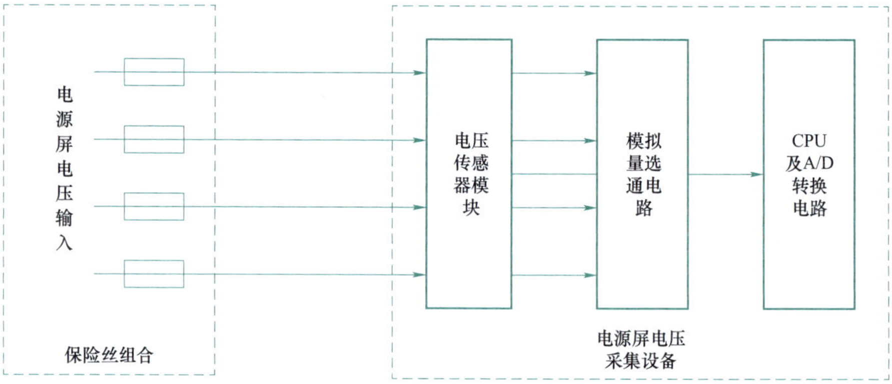

图 2−47　电源屏电压采集流程图

3. 硬件设备

电源屏电压采集根据采集电压的不同用到 JP−I～JP−VII 共 7 种电压采集单元，对应采集电压类型如下。

JP−I：采集 2 路量程为 380 V 交流电压，频率为 50 Hz。

JP−II：采集 8 路量程为 300 V 交流电压，频率为 50 Hz。

JP−III：采集 8 路频率为 50 Hz 的交流电压。第 1 路和第 2 路量程为 40 V，后面 6 路量程为 300 V。

JP−IV：采集 8 路频率为 25 Hz 的交流电压。前 4 路量程为 300 V，后 4 路量程为 150 V。

JP−V：采集 4 路直流电压，前 2 路量程为 300 V，后 2 路量程为 40 V。

JP−VI：采集 4 路直流电压，量程均为 40 V。

JP－VII：采集 4 路直流电压，量程均为 100 V。

电源屏电压采集单元底座配线如图 2－48 所示。

JPI			
72	IN1–A	82	IN2–A
71		81	
73	IN1–B	83	IN2–B
52		62	
51	IN1–C	61	IN2–C
53		63	
32	IN1–地	42	IN2–地
31		41	
33		43	
12		22	
11		21	
13	RS–485A	23	RS–485B
3	GND	4	GND
1	+12 V	2	

JPV/VI/VII			
72	IN1+	82	IN1–
71		81	
73	IN2+	83	IN2–
52		62	
51	IN3+	61	IN3–
53		63	
32	IN4+	42	IN4–
31		41	
33		43	
12		22	
11		21	
13	RS–485A	23	RS–485B
3	GND	4	GND
1	+12 V	2	

JPII/III/IV			
72	IN1+	82	IN1–
71	IN2+	81	IN2–
73	IN3+	83	IN3–
52	IN4+	62	IN4–
51	IN5+	61	IN5–
53	IN6+	63	IN6–
32	IN7+	42	IN7–
31	IN8+	41	IN8–
33		43	
12		22	
11		21	
13	RS–485A	23	RS–485B
3	GND	4	GND
1	+12 V	2	

图 2－48　电源屏电压采集单元底座配线

4. 采集原理图

图 2－49 为电源屏集中监测采集原理图。

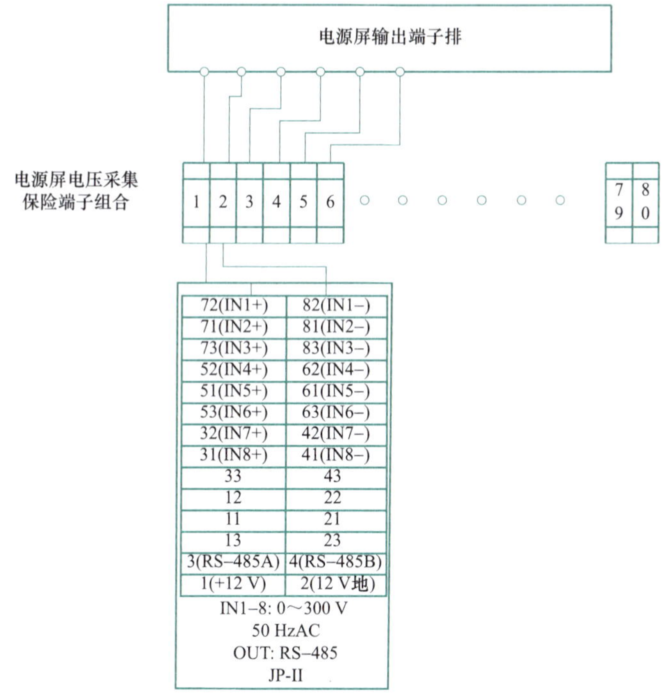

图 2－49　电源屏集中监测采集原理图

（1）电源屏电压采集配线从电源屏输出端子采集。

（2）电源屏电压采集配线从电源输出后，先配至安装在采集组合架上的电源屏电压采集端子保险组合的输入端，保险输出端配至电源屏电压采集组合侧面。此部分配线与电源屏漏流测试通用。

（3）保险输入端和输出端配线均使用 0.75 mm^2 阻燃软线。

5. 施工调试过程

（1）当电源屏电压采集时，配线需先将采集保险组合中的保险断开，分别完成保险端子的输入/输出配线后，先确认保险输出端均无电压，再合上保险。

（2）合上保险后需检验保险是否连通，方法为分别测量保险输入端和输出端电压，比较是否一致。发现保险有熔断时，应先断开保险，检查保险输出端配线是否存在短路现象。排除故障后更换保险再恢复。

（3）电源屏电压采集需比较采集端子电压与监测显示窗口中的电压是否一致。有条件时请施工配合人员逐一断开电源屏输出空开，观察监测数值是否归零。当出现不一致现象时，需分别测量电源屏端子、保险输入端、保险输出端、采集组合侧面、采集组合底座上的电压是否一致，以判断问题。

2.7.4 任务实施

表 2-34 为任务实施说明表。

表 2-34 任务实施说明表

任务	完成电源屏监测施工
沟通	开展专题讨论，讨论完成该任务应该具备哪些知识，准备哪些工具
准备	学生采用随机的形式分组，组内做好分工，准备好工具，明确工作进度和要求
实施	步骤： 1. 准备好实训设备及工具 2. 收集电源屏集中监测标准施工照片 3. 依据配线图、标准施工工艺照片完成配线工作 4. 完成电源屏集中监测施工及调试

2.7.5 工作单

表 2-35 为工作单。

表 2-35 工作单

班级： 姓名： 学号： 完成时间： 任务名称：	
沟通	操作名称与描述： 完成情况：

续表

准备	操作名称与描述： 完成情况：
实施	第一步： 操作名称与描述： 完成情况： 第二步： 操作名称与描述： 完成情况：
整理	操作名称与描述： 完成情况：

2.7.6　准备工作

1. 扫码看课

2. 工具材料准备

表 2-36 为工具材料表。

表 2-36　工具材料表

工具	材料	设备
螺丝刀	阻燃软线	电压传感器
剥线钳	焊锡	电流传感器
斜口钳		
钢丝钳		
电烙铁		

2.7.7 工作实施

1. 分组

表 2–37 为分组表。

表 2–37 分组表

班级		组号		组长	
组员	姓名	角色	姓名	角色	

2. 工作流程

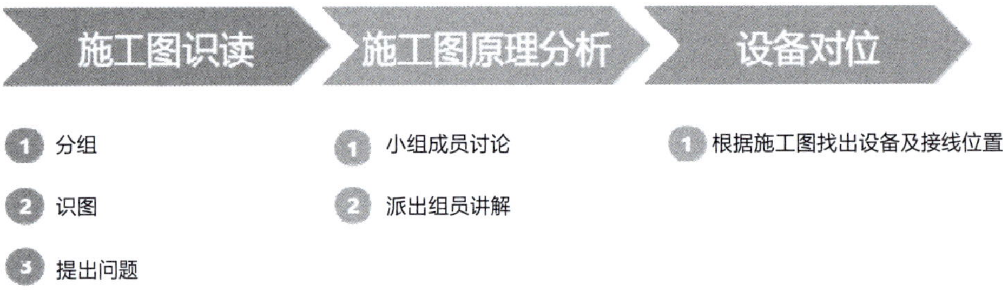

3. 工作实施

图 2–50 为电源屏采集保险组合端子排列图。

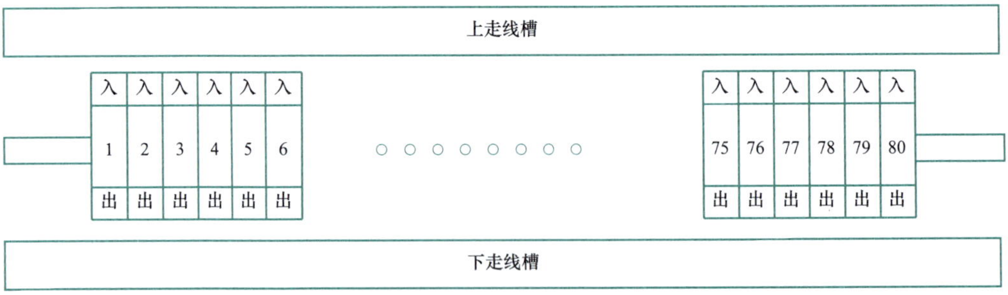

图 2–50 电源屏采集保险组合端子排列图

① 根据所学的图纸，在采集保险组合端子上找到对应的采集设备。

② 根据所学的图纸，找到采集点并说出采集的信息内容。

③ 根据所学的图纸，说出配线的走向及配线点。

4. 检验完成情况

① 采用抢答的方式，各小组对教师提出的问题进行抢答，了解学生对图纸的掌握情况。

② 采用随机提问的方式，对小组内各成员掌握情况进行检验。

③ 小组需要录制具有讲解的电源屏监测采集视频，作为检验内容。

2.7.8　评价反馈

1. 评价流程

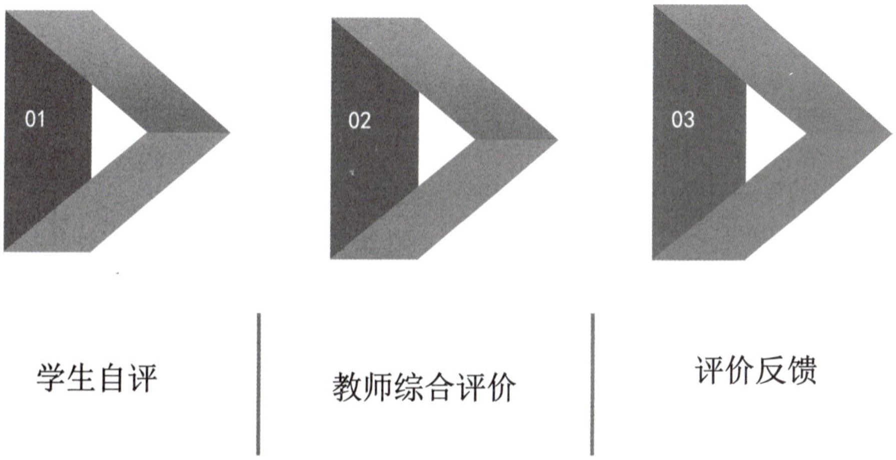

2. 评价表

表 2-38 为任务评价表。

① 学生自评，并将结果填入学生自评栏中。

② 教师对学生工作过程与工作结果进行评价，并将评价结果填入教师综合评价栏中。

表 2-38　任务评价表

项目 2　安装采集设备			任务 2.7　实现电源屏监测	
班级：		姓名：	学号：	
一、学生自评				
序号	项目评价	评价标准	分值	得分
1	图中相关字母数字含义	能正确说出图中数字字母含义	15	
2	采集位置	能正确说出采集位置	15	
3	采集使用的模块	能正确说出使用的采集模块	15	
4	图纸原理分析	能正确分析图纸原理	15	
5	配线连接	能根据配线图说出配线位置	20	
6	工作质量	能按计划完成任务	10	
7	协调能力	与小组成员之间能合作交流，协调工作	10	

续表

<table>
<tr><td colspan="5">二、教师综合评价</td></tr>
<tr><td colspan="5">班级：　　　　　　　　姓名：　　　　　　　　学号：</td></tr>
<tr><td></td><td>项目评价</td><td>评价标准</td><td>分值</td><td>得分</td></tr>
<tr><td colspan="2">考勤（10%）</td><td>未出现无故迟到、早退、旷课现象</td><td>10</td><td></td></tr>
<tr><td rowspan="10">工作过程（90%）</td><td>图中相关字母数字含义</td><td>能正确说出图中数字字母含义</td><td>10</td><td></td></tr>
<tr><td>采集位置</td><td>能正确说出采集位置</td><td>15</td><td></td></tr>
<tr><td>采集使用的模块</td><td>能正确说出使用的采集模块</td><td>15</td><td></td></tr>
<tr><td>图纸原理分析</td><td>能正确分析图纸原理</td><td>15</td><td></td></tr>
<tr><td>配线连接</td><td>能根据配线图说出配线位置</td><td>15</td><td></td></tr>
<tr><td>工作态度</td><td>态度端正，工作认真，对不会的问题能主动提问</td><td>5</td><td></td></tr>
<tr><td>工作完整</td><td>能按时完成任务</td><td>5</td><td></td></tr>
<tr><td>工作规范</td><td>能按规范要求完成任务</td><td>5</td><td></td></tr>
<tr><td>成果展示</td><td>能准确表达、汇报工作成果</td><td>5</td><td></td></tr>
<tr><td colspan="4"></td></tr>
<tr><td rowspan="2">综合评价</td><td>自评（40%）</td><td>教师评价（60%）</td><td colspan="2">综合得分</td></tr>
<tr><td></td><td></td><td colspan="2"></td></tr>
</table>

课后作业

1. 集中监测能对电源屏实现哪些内容的监测？

2. 集中监测在监测电源屏时对应的监测点分别是在哪里？

任务 2.8　实现半自动闭塞监测

2.8.1　任务导入

半自动闭塞设备是常用的闭塞设备，半自动闭塞设备的监测是信号集中监测的重要内容。小李是某工程局电务负责人，通过采访了解到，要想胜任工作，首先要了解半自动闭塞的基础知识，之后认识半自动闭塞的采集设备，懂得其采集监测原理，能够看懂监测施工图纸，掌握施工方法及工艺。具备这些知识后才能够胜任半自动闭塞监测的施工任务。下面就从识读半自动闭塞监测图纸开始学习。

2.8.2　任务目标

学习目标	1. 了解半自动闭塞采集施工过程 2. 理解半自动闭塞采集原理 3. 认识半自动闭塞采集设备
能力目标	1. 能看懂半自动闭塞采集施工图纸 2. 能安装采集模块 3. 能根据图纸进行配线施工
素质目标	1. 培养学生认识新事物的能力 2. 培养学生自主学习的能力 3. 培养学生精益求精的精神

2.8.3　任务分析

本次任务包含：2 个知识点（半自动闭塞监测采集内容及原理和半自动闭塞采集设备）和 1 个技能点（半自动闭塞监测采集安装与调试）。

1. 实现功能

通过对半自动闭塞电压、电流的实时监测，可以通过电压、电流实时值及历史记录曲线分析出半自动闭塞电路中的故障点。

2. 监测对象及监测点

监测对象为半自动闭塞线路电压及闭塞电流。电压监测点为分线盘闭塞外线接线端子，电流监测点为组合侧面闭塞线，通常采集点在半自动闭塞组合 ZDJ 继电器的 31 接点（闭塞外线 X1 接线的接点），半自动闭塞电流采集模块上的箭头指向 ZDJ 继电器。图 2－51 为半自动闭塞采集原理图。

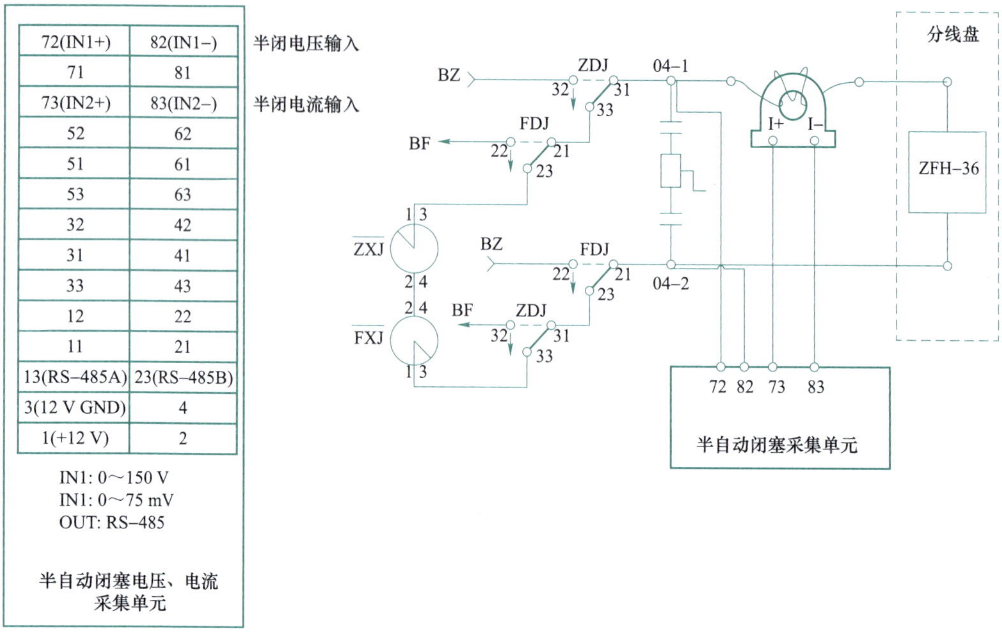

图 2–51　半自动闭塞采集原理图

3. 监测原理及程序处理流程

半自动闭塞外线电压从分线盘端子引入 06 型 64D 转换单元，经隔离模块隔离、运算放大处理后，送至采集板，再进行 A/D 转换、CPU 处理，最后通过 CAN 总线上送上位机进行显示、存储。半自动闭塞信息处理流程图如图 2–52 所示。

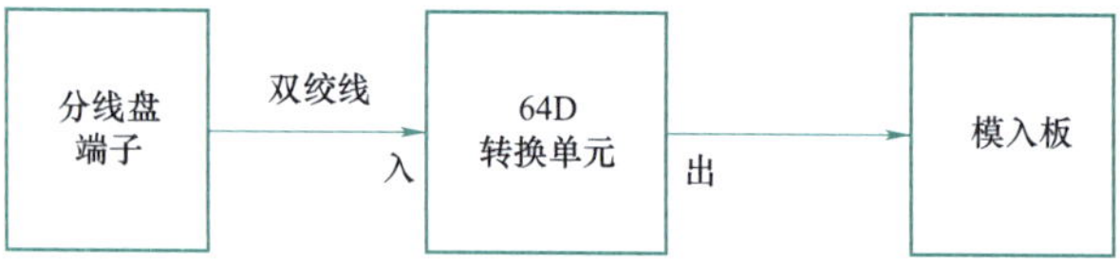

图 2–52　半自动闭塞信息处理流程图

半自闭电压采集半自闭输出至分线盘的电压，采集点在半自闭组合侧面。半自闭电流采集将线路回路中拆除 04–1 端子至分线盘相应端子配线。将配线从半自闭组合侧面输出绕经监测采集组合内部的电流传感器穿芯，再接回分线盘，孔内穿一芯。其间线缆不打断，不经监测组合侧面端子转接。采用线缆与被拆除线型号一致。因采集的是直流电流，而半自闭发送时电流方向需正负来回转换，因此，半自闭电流传感器为有源模块，且必须配±12 V 电源，以适应电流的正负变化。因输出信号较弱，电流传感器需靠近半自闭采集单元安装。

4. 电流监测原理及程序处理流程

直流电流传感器模块安装在组合架上，将 X1 穿过直流电流传感器线圈一匝。当闭塞线路上有–500～+500 mA 电流流过时，直流电流传感器模块输出–2.5～+2.5 V 的电压信号。每个直流电流传感器模块采集 1 路。06 型双极直流电压转换单元将直流电流传感器模块输出的–2.5～+2.5 V 电压信号处理成 0～3.3 V 电压信号，送入模入板。

5. 采集设备

采集单元型号：TC6VAD（部件号：32008－419－01），采集单元底座配线表如图 2－53 所示。

72	UIN+	82	UIN−
71		81	
73	IIN2+	83	IIN2−
52		62	
51		61	
53		63	
32		42	
31		41	
33		43	
12		22	
11		21	
13	RS−485A	23	RS−485B
3	GND	4	GND
1	+12 V	2	

图 2－53　采集单元底座配线表

6. 施工注意事项

集中监测组合架，半自动闭塞电压电流采集组合背面，占用一个继电器底座的空位。

1）安装方式一

走线槽与组合底板之间有 3 cm 空间时的安装方式：互感器模块安装在半自闭电压电流采集组合背面，隔一个继电器底座安装一个，互感器上下两个固定位为 6 mm 螺丝，要在继电器组合底板上打孔固定，如图 2－54 所示。

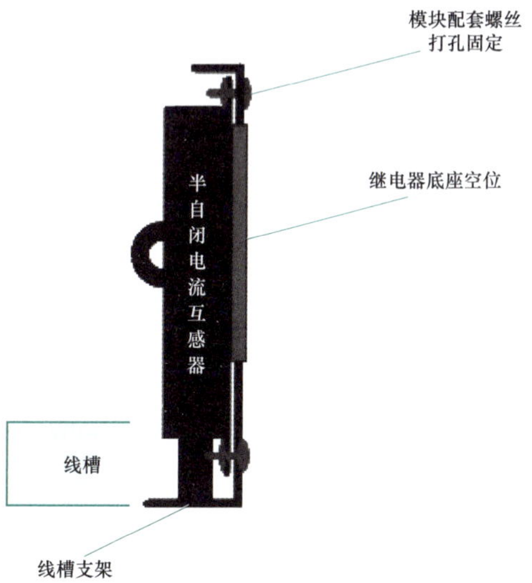

图 2－54　安装方式一

2）安装方式二

走线槽紧贴组合底板时的安装方式：因横向支架有一定弯曲度，安装时需要稍微加工一下，如图 2-55 所示。

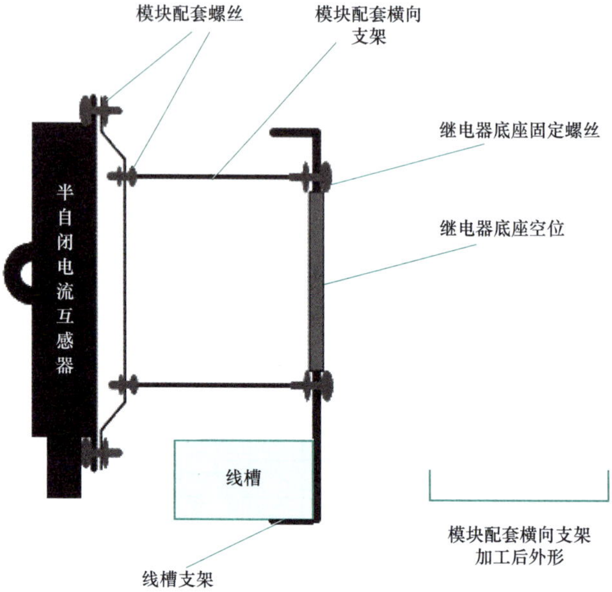

图 2-55　安装方式二

以上两种安装方式在同一个工程中全线只能采用一种。

半自动闭塞电压电流采集为零散定型组合，每个组合最多可安装 5 个半闭外线电压电流采集传感器（继电器）和 5 个电流互感器。半闭外线电压电流采集传感器（继电器）和电流互感器模块配合使用，每个继电器对应一个互感器，对应一路半自闭采集。半闭外线电压电流采集传感器为继电器式电子模块，插于采集组合正面继电器底座端子板上，电流互感器安装于采集组合背面。

标准信号半自闭电压电流采集组合的继电器底座 73、83 端子分别预留配线 OUT、GND 对应互感器上标识端子 OUT、GND，由现场施工单位安装模块及对应配线。

半自闭电流互感器为有源模块，安装在半自闭采集组合内部，与半自闭采集单元间隔安装，占用一个继电器底座的位置。电流互感器的电源为大功率电源 +12 V、-12 V 和 12 GND，电源线经组合侧面双环，配线以施工图纸为准。半自闭电流采集线绕 1 匝，即孔内 1 根线。半自闭电流采集线从电流互感器中间直接穿过，绝不允许断开采集线在监测采集组合侧面转接。半自闭互感器为正负电流自适应模块，采集的半自闭电流是有方向的，穿芯线要按照从半自闭组合至分线盘的顺序，按照互感器上所标识的电流方向箭头穿入。不可穿反，否则采集到的数值会出现错误，发生大幅度跳变等现象。RS-485 通信线采用双芯 0.4 mm^2 对绞屏蔽线，屏蔽层在组合架一侧单端接地。

2.8.4　任务实施

表 2-39 为任务实施说明表。

表 2-39　任务实施说明表

任务	完成半自动闭塞监测施工工作
沟通	开展专题讨论，讨论完成该任务应该具备哪些知识，准备哪些工具
准备	学生采用随机的形式分组，组内做好分工，准备好工具，明确工作进度和要求
实施	步骤： 1. 准备好实训设备及工具 2. 收集半自动闭塞监测施工相关资料 3. 依据配线图、标准施工工艺照片完成配线工作 4. 完成半自动闭塞监测施工、集中监测施工及调试

2.8.5　工作单

表 2-40 为工作单。

表 2-40　工作单

班级：　　姓名：　　学号：　　完成时间： 任务名称：	
沟通	操作名称与描述： 完成情况：
准备	操作名称与描述： 完成情况：
实施	第一步： 操作名称与描述： 完成情况： 第二步： 操作名称与描述： 完成情况：
整理	操作名称与描述： 完成情况：

2.8.6 准备工作

1. 扫码看课

2. 工具材料准备

表 2-41 为工具材料表。

表 2-41 工具材料表

工具	材料	设备
螺丝刀	阻燃软线	半自动闭塞线路电压、电流采集器
剥线钳	焊锡	分流器
斜口钳		
钢丝钳		
电烙铁		

2.8.7 工作实施

1. 分组

表 2-42 为分组表。

表 2-42 分组表

<table>
<tr><td>班级</td><td></td><td>组号</td><td></td><td>组长</td><td></td></tr>
<tr><td rowspan="4">组员</td><td>姓名</td><td>角色</td><td>姓名</td><td colspan="2">角色</td></tr>
<tr><td></td><td></td><td></td><td colspan="2"></td></tr>
<tr><td></td><td></td><td></td><td colspan="2"></td></tr>
<tr><td></td><td></td><td></td><td colspan="2"></td></tr>
</table>

2. 工作流程

施工准备

1. 分组
2. 工具准备
3. 分工、设备调查

施工过程

1. 施工
2. 导通试验

验收

1. 根据标准验收

3. 工作实施

① 根据提供的图纸，在继电器组合架找到对应的采集设备。

② 根据提供的图纸，找到采集点并说出采集的信息内容。

③ 根据提供的图纸，说出配线的走向及配线点。

4. 检验完成情况

① 采用抢答的方式，各小组对教师提出的问题进行抢答，了解学生对图纸的掌握情况。

② 采用随机提问的方式，对小组内各成员掌握情况进行检验。

③ 对各小组图纸和施工配线情况进行检验。

2.8.8　评价反馈

1. 评价流程

2. 评价表

表 2－43 为任务评价表。

① 学生自评，并将结果填入学生自评栏中。

② 教师对学生工作过程与工作结果进行评价，并将评价结果填入教师综合评价栏中。

表 2－43　任务评价表

项目 2　安装采集设备		任务 2.8　实现半自动闭塞监测		
班级：		姓名：	学号：	
一、学生自评				
序号	项目评价	评价标准	分值	得分
1	工具准备清单	能正确配置工具清单	15	
2	采集设备安装	能正确安装采集设备	15	
3	布线	能正确布线	15	
4	配线焊接	能按标准进行焊接	15	
5	导通	能根据配线图导通	20	
6	工作质量	能按计划完成任务	10	
7	协调能力	与小组成员之间能合作交流，协调工作	10	

续表

<table>
<tr><td colspan="5">二、教师综合评价</td></tr>
<tr><td colspan="5">班级：　　　　　　　　　　　　姓名：　　　　　　　　　　学号：</td></tr>
<tr><td></td><td>项目评价</td><td>评价标准</td><td>分值</td><td>得分</td></tr>
<tr><td colspan="2">考勤（10%）</td><td>未出现无故迟到、早退、旷课现象</td><td>10</td><td></td></tr>
<tr><td rowspan="9">工作过程（90%）</td><td>工具准备清单</td><td>能正确配置工具清单</td><td>10</td><td></td></tr>
<tr><td>采集设备安装</td><td>能正确安装采集设备</td><td>15</td><td></td></tr>
<tr><td>布线</td><td>能正确布线</td><td>15</td><td></td></tr>
<tr><td>配线焊接</td><td>能按标准进行焊接</td><td>15</td><td></td></tr>
<tr><td>导通</td><td>能根据配线图导通</td><td>15</td><td></td></tr>
<tr><td>工作态度</td><td>态度端正，工作认真，对不会的问题能主动提问</td><td>5</td><td></td></tr>
<tr><td>工作完整</td><td>能按时完成任务</td><td>5</td><td></td></tr>
<tr><td>工作规范</td><td>能按规范要求完成任务</td><td>5</td><td></td></tr>
<tr><td>成果展示</td><td>能准确表达、汇报工作成果</td><td>5</td><td></td></tr>
<tr><td rowspan="2">综合评价</td><td>自评（40%）</td><td>教师评价（60%）</td><td colspan="2">综合得分</td></tr>
<tr><td></td><td></td><td colspan="2"></td></tr>
</table>

任务 2.9　实现绝缘漏流监测

2.9.1　任务导入

作为一个信号工，要会绝缘漏流监测采集施工，这是一项基本技能。当你作为一个施工人员，你是否能带领你的团队，正确地完成施工呢？要正确地完成施工，首先要看懂施工图，根据施工图进行施工，通过施工图能知道采集模块安装在哪里，怎么接线。图纸会看了，接下来就是进行施工安装，采集模块安装在哪里，需要怎么接线。下面带着这些问题开始学习。

2.9.2　任务目标

学习目标	1. 了解绝缘漏流采集施工过程 2. 理解绝缘漏流采集原理 3. 认识绝缘漏流采集设备

续表

能力目标	1. 能看懂绝缘漏流采集施工图纸 2. 能安装采集设备 3. 能根据图纸进行配线施工
素质目标	1. 培养学生认识新事物的能力 2. 培养学生自主学习的能力 3. 培养学生独立思考的能力 4. 培养学生团队合作的精神 5. 培养学生精益求精的精神

2.9.3　任务分析

本次任务包含：2 个知识点（电缆绝缘测试的方法及原理和电缆漏流测试的原理）和 3 个技能点（人工电缆绝缘测试的方法、人工电源漏流测试的方法和电缆绝缘漏流监测施工及调试）。

信号电缆是信号电路中的传输线，直接关系到信号联锁。通过电缆绝缘电阻的测量，可及时了解电缆绝缘的情况，了解信号电路的状态，保证设备的正常工作。这里的电缆绝缘测试是指电缆芯线全程对地绝缘电阻的测试，支持人工启动全测或选测。由于部分电缆芯线接有防雷设备，为避免测试电压击穿防雷设备，影响信号设备正常使用，所以测试电缆绝缘时应按规定要求：先拔下防雷元件，再进行测试。

1. 电缆绝缘测试

1）电缆绝缘测试原理

电缆绝缘测试是由绝缘漏流采集机通过输出开关量驱动安全型继电器，由继电器接点组成多级选路网络和互切电路，将所测电缆芯线通过选路网络逐条接绝缘漏流采集机模入端子，采用 500 V 直流高压在线测试方法，将电缆全程对地绝缘电阻转换成相应的 0～3 V 标准直流电压，送入 CPU 进行 A/D 模数转换和数据处理。电缆绝缘测试流程图如图 2－56 所示。

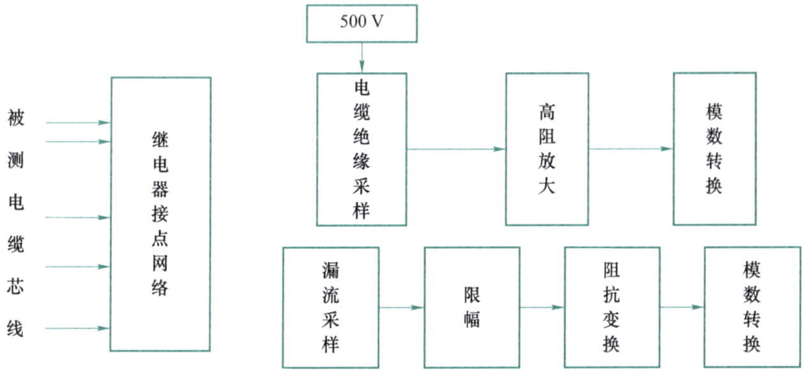

图 2－56　电缆绝缘测试流程图

绝缘测试的原理简单说就是，绝缘表输出 500 V 直流测试电压，将+500 V 接地，将–500 V 通过绝缘测试组合逐一送到被测电缆上，通过大地构成的回路以测试被测电缆外皮对地的绝缘好坏。绝缘测试使用一组绝缘漏流测试继电器组合和一块绝缘测试表。绝缘测试组合的继电器由开出板控制吸起落下，在测试绝缘时，经开出板的驱动，一次形成一条唯一的选择通路，将测试用的直流 500 V 电压送往分线盘对应的电缆上。绝缘测试表使用 220 V 交流电源，将 220 V 交流转换成 500 V 直流输出，并根据输出后分压的大小生成绝缘数据，送往 C1–D7 的绝缘接口板。绝缘表固定安装在测试组合 A10 的位置。220 V 交流电压由机柜送出到 E 层 06–8 和 06–10 上。经过继电器 J80 的吸起节点后，从 E 层 06–12 和 06–14 输出送到 A 层 06–15 和 06–16 上进入绝缘测试表。绝缘表开始工作，生成 500 V 直流电压从 A 层 06–17 和 06–18 输出，送回到 E 层 06–16 和 06–18 上，并环接到 E 层 05–2 和 05–3 上。E 层 05–1 接大地。500 V 电压再经过 J80 的吸起节点，将+500 V 与大地相连，–500 V 送往分线盘。电缆测试原理图如图 2–57 所示。

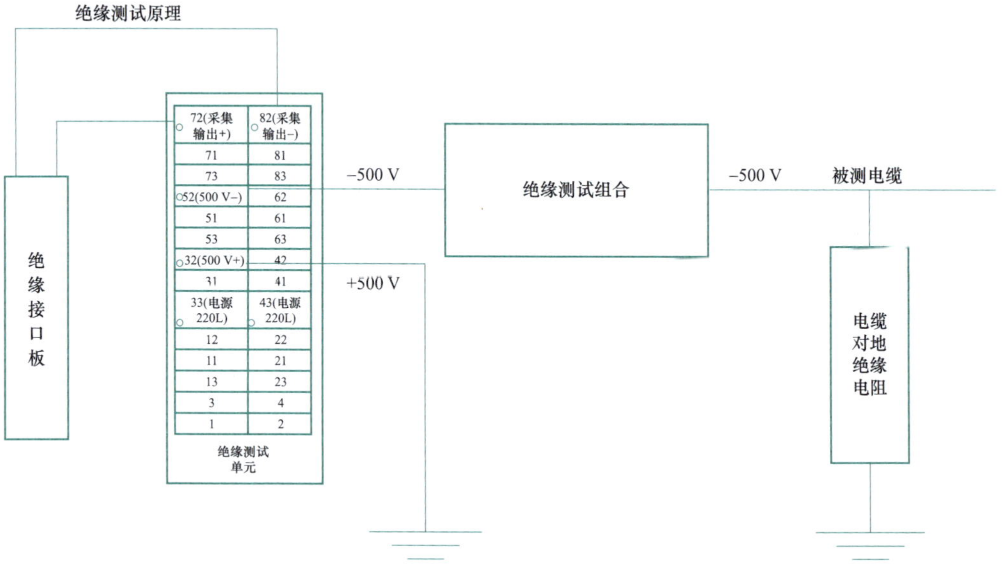

图 2–57　电缆测试原理图

2）继电器多级选路网络和互切电路

由于电缆芯线数量多，又只能一根一根地测试，就只能借助测试继电器组成的树形阵列接点开关，也就是继电器组成的多级选路网络和互切电路，将每条电缆顺序地、逐一地接入测试电路。测试继电器的吸起或落下（准确地讲应是继电器的排列组合），是由绝缘漏流采集机通过开关量输出模板开出条件驱动的，即根据接受命令的路码，算出阵列中哪些继电器吸起，哪些继电器落下，从而将那一路电缆接入测试电路。

3）8 根电缆分别接入测试电路的继电器区分条件

通常继电器的 8 组接点是同时吸起、落下的，也就是说，在 A、B、C、D 层都是 8 根电缆同时同步接入到 E 层；那么这 8 根电缆在 E 层又是怎样实现一根一根接入测试电路的呢？一般是通过 J50、J60、J70 这 3 个继电器吸起或落下的排列组合，以其接点构成电路区分条件来实现的，具体如下所示：

J70	J60	J50	J70	J60	J50	
0	0	0	↓	↓	↓	接入第 1 根
0	0	1	↓	↓	↑	接入第 2 根
0	1	0	↓	↑	↓	接入第 3 根
0	1	1	↓	↑	↑	接入第 4 根
1	0	0	↑	↓	↓	接入第 5 根
1	0	1	↑	↓	↑	接入第 6 根
1	1	0	↑	↑	↓	接入第 7 根
1	1	1	↑	↑	↑	接入第 8 根

还有 J80 继电器，平时落下切断所有电缆绝缘测试电路，当接到命令时吸起接通电缆绝缘测试电路。JA0 继电器是电缆绝缘测试与电源漏流测试的电路区分条件，JA0 继电器落下测试电缆绝缘，JA0 继电器吸起测试电源对地漏流。

在绝缘调试时应注意，J80 继电器在测试中起到至关重要的作用。200 V 的输入、绝缘表的工作、500 V 电压的输出都需经过 J80 继电器的吸起节点。所以，测试时首先应观察 J80 继电器是否吸起。当确认吸起时，可观察绝缘表的数码显示管有无显示。若无显示，表示绝缘表未工作，需检查 220 V 电压是否送到位。若数码管显示数值与实际不符，可检查 500 V 的输出线路是否正确，地线是否接好。当绝缘表上数值与实际一致，而监测机上记录的数值不正确时，需检查绝缘表到绝缘接口板的连线是否正确，绝缘接口板工作是否正常，绝缘表有无损坏，配置文件是否正确等。

2. 电源对地漏流电流测试

通过电源对地漏流的测量，可以了解各电源线是否破损和接地，及时发现线路故障。因漏流测试要求将电源屏各输出端人为接地，所以对它的采集需要非常慎重，一般要求串入保护电阻进行测量。电源漏流测试的原理是将电源输出电缆的一端通过漏流测试电阻盒内的 1 kΩ 和 50 Ω 电阻接地，然后分别测量 1 kΩ 电阻（测直流漏流时）和 50 Ω 电阻（测交流漏流时）两端的电压大小，以换算对应的电流大小。

通过电源对地漏流的测量，可以了解各电源线是否破损和接地，及时发现线路故障。因漏流测试要求将电源屏各输出端人为接地，所以对它的采集需要非常慎重，一般要求串入保护电阻进行测量。测试原理图如图 2-58 所示，测试电路中串入了较大的保护电阻（如 1 kΩ）和保护熔断器。

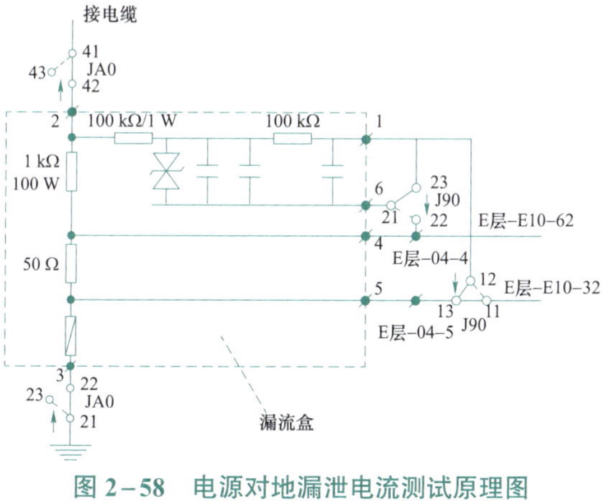

图 2-58　电源对地漏泄电流测试原理图

把被测的电源回路经电缆芯线通过测试继电器组合接至电源漏流测试板上的采样测试电路。电源屏输出电源有交、直流之分，为了提高测试精度，加装两个继电器，对于不同的电源切换到不同的电路：

测交流电源漏流时 JA0 吸起、J90 落下，在 50 Ω 电阻上取样；

测直流电源漏流时 JA0 吸起、J90 吸起，在 1 kΩ 电阻上取样。

将取样电压信号量化转换成 0～3 V 直流标准电压，经绝缘漏流采集机模拟量输入板送至 CPU，进行 A/D 转换和数据处理。

电源屏输出电源对地漏流的测试电路，类似于电缆绝缘的测试电路，所以电源对地漏流测试与电缆绝缘测试共用一套测试继电器组合，只是在电缆绝缘测试继电器组合的基本层（E 层），增加两个漏流测试继电器。JA0 作为测试电缆绝缘和测试电源漏流的区分条件，J90 作为测试交流漏流和直流漏流的区分条件。JA0、J90 受开出板控制，由软件程序控制它们动作。应注意，电源屏各种输出电源对地漏流的测试是关系到安全生产，为以防万一，规定只在天窗时间内人工启动及自动测量。

漏流测试使用绝缘测试的继电器电路，需用到漏流测试盒和灯丝漏流测试单元。其原理是将电源屏电压的一路通过漏流测试盒接地，通过检测漏流盒里电阻上电压的大小，判断漏流的大小。漏流测试盒安装在绝缘测试组合的空位上，一般在 B 层。通过 J90 继电器的吸起或落下选择直流或交流的测试，将不同的电阻接入测试电路。J90 的吸起和落下根据配置文件中的属性标志决定。绝缘漏流组合排列图如图 2－59 所示。绝缘漏流测试组合 E 层如图 2－60 所示。绝缘漏流测试组合 A 层如图 2－61 所示。

	1	2	3	4	5	6	7	8	9	10
E层	J30	J31	J40	J50	J60	J70	J80	J90	JA0	E10
A层	J00	J01	J02	J03	J10	J11	J20	JB0	JB1	A10
B层	J04	J05	J06	J07	J12	J13	J21			
C层	J08	J09	J0A	J0B	J14	J15	J22			
D层	J0C	J0D	J0E	J0F	J16	J17	J23			
E′层	J30′	J31′	J40′	J50′	J60′	J70′	J80′			
A′层	J00′	J01′	J02′	J03′	J10′	J11′	J20′			
B′层	J04′	J05′	J06′	J07′	J12′	J13′	J21′			
C′层	J08′	J09′	J0A′	J0B′	J14′	J15′	J22′			
D′层	J0C′	J0D′	J0E′	J0F′	J16′	J17′	J23′			

图 2－59 绝缘漏流组合排列图

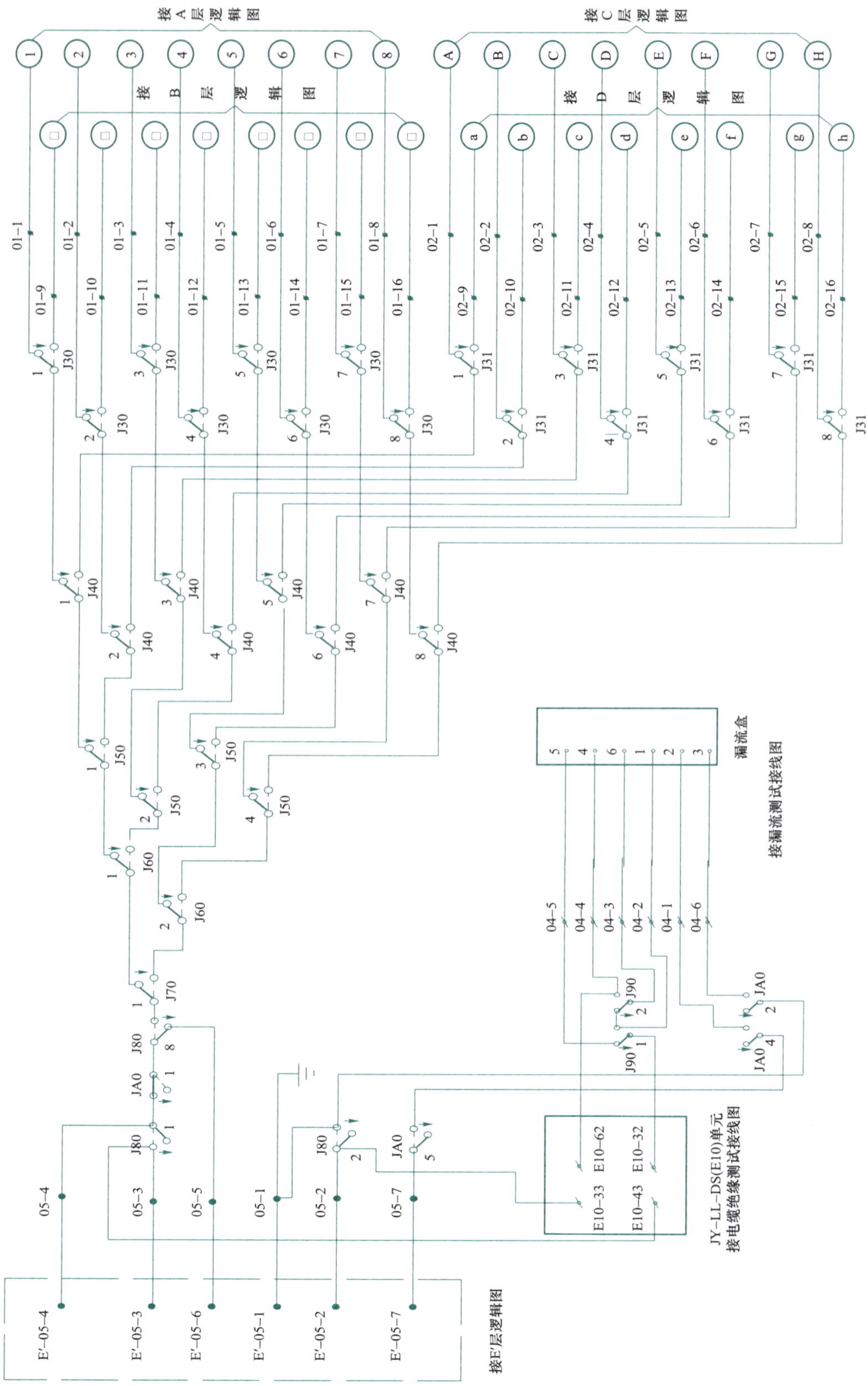

图 2-60 绝缘漏流测试组合 E 层

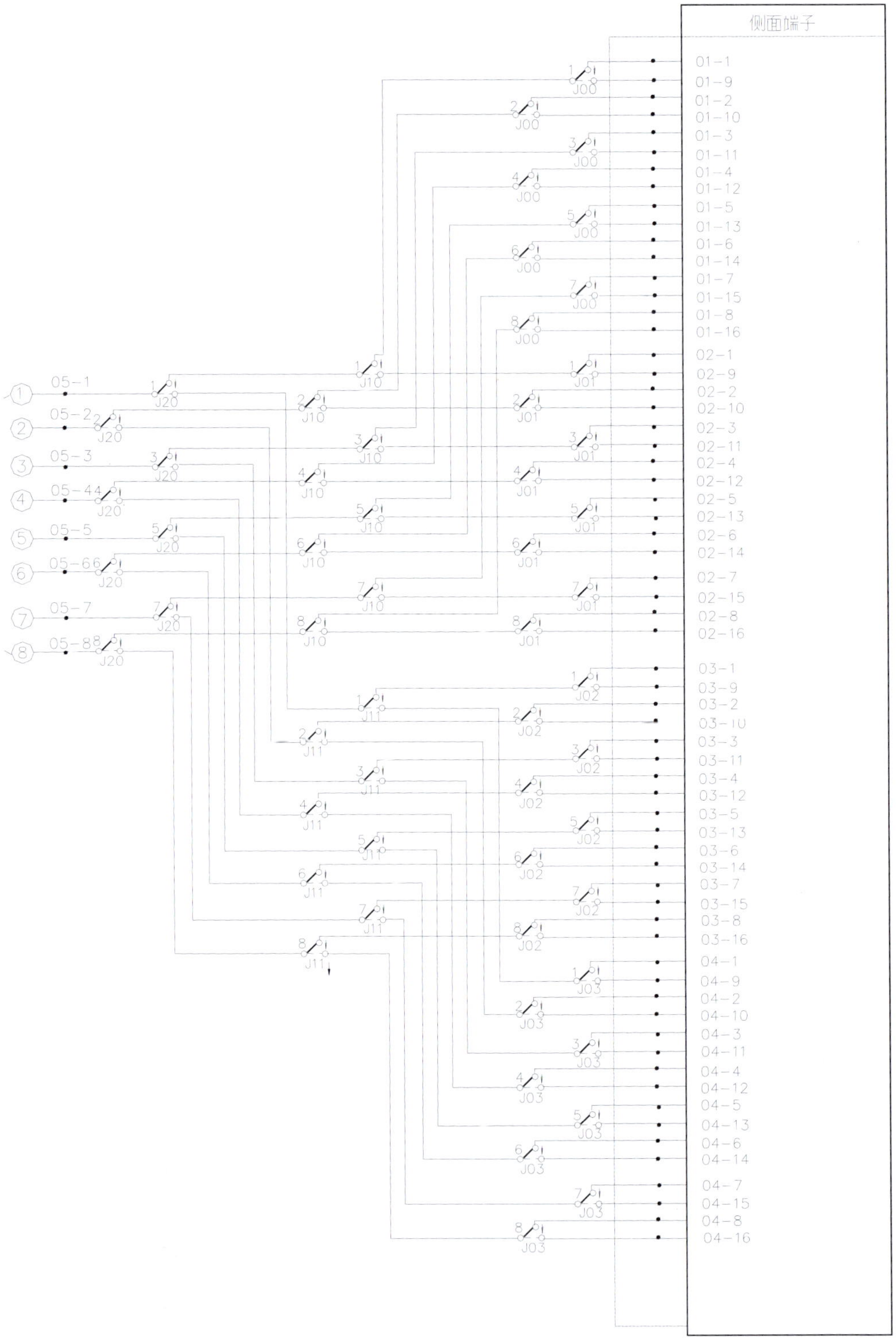

图 2-61　绝缘漏流测试组合 A 层

3. 施工调试过程及标准

1）调试过程

（1）绝缘调试的过程主要需逐路核对绝缘测试的 –500 V 是否发送到对应的电缆上。此时需要调试人员在分线盘处使用万用表的千欧档，正表笔接地，负表笔接被测电缆，同时让配合人员在监测机上开始测试对应电缆的绝缘。如万用表上能测到绝缘表发出的 500 V 电压，而监测机上在测试完成后能读出万用表的 10 兆内阻，表示此路绝缘选通电路包括绝缘表和绝缘接口板的配线和功能均正常。

（2）如万用表在对应端子上量不到电压，而绝缘表数码管显示绝缘数值为 0，可能由被测电缆接地造成，此时可将电缆上的测试线取下来，直接发 500 V 电压测量测试线上能否量到电压。如仍量不到电压，可认为测试回路存在问题。

2）绝缘测试的检查步骤

（1）首先必须确保绝缘表能正常供电。方法为可以任意测试一路绝缘，看绝缘表数码管是否点亮。如绝缘表无反应，需检查 220 V 供电回路配线是否正确，J80 继电器是否能正常吸起。即先测量 E 层 06–8 和 06–10 上能否量到 220 V 电压，再测绝缘 J80 继电器吸起时 E 层 06–12 和 14 间能否量到 220 V 电压。继续沿供电回路量到 A 层绝缘继电器底座的 220 V 输入端上是否有电。如均有电而绝缘表无反应，可判断绝缘表损坏。

（2）检查绝缘表能否正常输出 500 V 直流电压。可将第一路绝缘测试外线甩开，然后沿绝缘测试 500 V 输出回路，从 A 继电器底座至 A 层侧面，再到 E 层组合侧面，到 J80 继电器底座，最后到第一路输出的 A 层侧面端子，逐点检查能否量到 500 V 直流电压。

（3）绝缘配线回路检查。在电缆端量不到测试电压时，需返回绝缘测试组合侧面测量，如侧面能量到电压则说明组合侧面到分线盘或电源屏端子间的配线错误。如侧面也量不到电压，需甩开外线，根据绝缘测试接线图逐接点测量 500 V 电压。同时观察绝缘测试继电器的吸起状态与图纸上对应的测试回路是否一致。

（4）绝缘表输出配线检查。主要检查绝缘表 A 层底座到 A 层组合侧面 06–13、06–14，再从侧面到综合层绝缘接口板的 a1 和 c1 配线是否正确，有没有配反。当配线正确时，监测程序上的绝缘测试数值应与绝缘表数码管上显示数值一致。如果不一致，或者当绝缘表为小于 20 MΩ 的数值而监测程序显示总大于 20 MΩ 时，可认为是绝缘表或绝缘接口板损坏。

（5）漏流测试需要测试人员将万用表串接保险或串接一个 1 kΩ 的电阻，在电源屏处一端接地，另一端对应电源输出端，以实际测量电源屏漏流，与监测机所测得的漏流数值比较，看是否正常。但此种实测漏流的方式有一定风险，通常只能在天窗点内确定不影响行车的情况下测试。

绝缘测试不论是实测还是机测，均应注意被测电缆或电源屏端是否有防雷，防雷的存在可能将测试 500 V 导入接地，以致量不到正确的电压。此时在确保不影响设备的情况下，可将防雷或防雷地线断开再进行绝缘测试。

（6）漏流测试前可先对地测量电压，当正常绝缘良好时，交流电两根线对地的电压是平衡的，即当电压为 220 V 时，JZ 和 JF 对地分别为接近 110 V 左右。如果两者对地电压数值不平衡则表示绝缘不好，可能存在较大漏流。如果其中一根线对地电压为 0，而另一根线对地电压等于输出电压值，表示为 0 的那根线接地。直流电源两根线对地电压均为 0。

3）标准

（1）当逐路发送绝缘 500 V 直流测试电压时，在对应的分线盘或电源屏端子上用万用表能量到相应的测试电压。在被测设备绝缘良好时，量到的电压应在 500 V 左右。

（2）当电缆绝缘小于 20 MΩ 时，对应绝缘表测试值应与要摇表实测的数值一致。

（3）漏流测试值应与用电流表实测的漏流数值一致。

2.9.4 任务实施

表 2-44 为任务实施说明表。

表 2-44 任务实施说明表

任务	电缆绝缘漏流监测施工及调试
沟通	开展专题讨论，讨论完成该任务应该具备哪些知识，准备哪些工具
准备	学生采用随机的形式分组，组内做好分工，准备好工具，明确工作进度和要求
实施	步骤： 1. 准备好实训设备及工具 2. 收集电缆绝缘漏流集中监测相关资料 3. 依据配线图、标准施工工艺照片完成配线工作 4. 完成电缆绝缘漏流集中监测施工及调试

2.9.5 工作单

表 2-45 为工作单。

表 2-45 工作单

班级：　　姓名：　　学号：　　完成时间： 任务名称：	
沟通	操作名称与描述： 完成情况：
准备	操作名称与描述： 完成情况：

续表

实施	第一步： 操作名称与描述： 完成情况： 第二步： 操作名称与描述： 完成情况：
整理	操作名称与描述： 完成情况：

2.9.6 准备工作

1. 扫码看图

2. 工具材料准备

表 2–46 为工具材料表。

表 2–46　工具材料表

工具	材料	设备
螺丝刀	阻燃软线	漏流测试组合
剥线钳	焊锡	漏流电阻测试盒
斜口钳		
钢丝钳		
电烙铁		

2.9.7 工作实施

1. 分组

表 2–47 为分组表。

表 2-47　分组表

<table>
<tr><td>班级</td><td></td><td>组号</td><td colspan="2"></td><td>组长</td><td></td></tr>
<tr><td rowspan="4">组员</td><td>姓名</td><td>角色</td><td colspan="2">姓名</td><td colspan="2">角色</td></tr>
<tr><td></td><td></td><td colspan="2"></td><td colspan="2"></td></tr>
<tr><td></td><td></td><td colspan="2"></td><td colspan="2"></td></tr>
<tr><td></td><td></td><td colspan="2"></td><td colspan="2"></td></tr>
</table>

2. 工作流程

施工准备 → 施工过程 → 验收

施工准备：
1. 分组
2. 工具准备
3. 分工、设备调查

施工过程：
1. 施工
2. 导通试验

验收：
1. 根据标准验收

3. 工作实施

① 确定小组任务，按照教师要求，在小组内进行讨论。

② 举例进行讲解，确定最终完成的目标。

③ 根据施工图纸，进行图纸识读。

引导问题 1：如图 2-62 所示，此图是什么图，在实际的设备中找到对应的位置并说出 A-05-1 的含义。

引导问题 2：如图 2-63 所示，此图是什么图，在实际的设备中找到对应的位置，其中 1F-405-3 字母数字代表什么含义，采集的是什么设备的电缆？在实际设备中找到对应位置。

JC3－10

E 层侧面

	06		05		04			03		02		01	
	名称	组合侧面	名称	组合侧面	名称	组合侧面		名称	组合侧面	名称	组合侧面	名称	组合侧面
1	综合24V+ ※	C0-D1-01-2 A-06-1	绝缘测试地 ※	请接地线 E'-05-1	漏流测试联线	LLCSB2	1			组合间联线	C-05-1	组合间联线	A-05-1
2			500V+ ※	06-16 E'-05-2	漏流测试联线	LLCSB1	2			组合间联线	C-05-2	组合间联线	A-05-2
3			500V- ※	06-18 E'-05-3	漏流测试联线	LLCSB6	3			组合间联线	C-05-3	组合间联线	A-05-3
4			组合间联线	E'-05-4	漏流测试联线	LLCSB4	4			组合间联线	C-05-4	组合间联线	A-05-4
5			组合间联线	E'-05-6	漏流测试联线	LLCSB5	5			组合间联线	C-05-5	组合间联线	A-05-5
6					漏流测试联线	LLCSB3	6			组合间联线	C-05-6	组合间联线	A-05-6
7			组合间联线	E'-05-7			7			组合间联线	C-05-7	组合间联线	A-05-7
8	220VJZ ※	C11-D1-9 B-06-12					8			组合间联线	C-05-8	组合间联线	A-05-8
9			J30 ☆	C1-D4-z2	组合间联线	A-06-3	9			组合间联线	D-05-1	组合间联线	B-05-1
10	220VJF ※	C11-D1-21 B-06-14	J31 ☆	C1-D4-d3	组合间联线	A-02-18	10			组合间联线	D-05-2	组合间联线	B-05-2
11			J40 ☆	C1-D4-b2			11			组合间联线	D-05-3	组合间联线	B-05-3
12	220VJZ ※	A-06-15	J50 ☆	C1-D4-d2			12			组合间联线	D-05-4	组合间联线	B-05-4
13			J60 ☆	C1-D4-z1			13			组合间联线	D-05-5	组合间联线	B-05-5
14	220VJF ※	A-06-16	J70 ☆	C1-D4-b1	组合间联线	A-06-4	14			组合间联线	D-05-6	组合间联线	B-05-6
15			J80 ☆	C1-D4-d1			15			组合间联线	D-05-7	组合间联线	B-05-7
16	IN500V+ ※	05-3 A-06-17	J90 ☆	C1-D4-z12	组合间联线	A-01-18	16	灯丝漏流-12V	C0-D1-01-11	组合间联线	D-05-8	组合间联线	B-05-8
17			JA0 ☆	C1-D4-d13	灯丝漏流输出	C1-D1-z8	17	灯丝漏流+12V	C0-D1-01-8				
18	IN500V- ※	05-2 A-06-18			灯丝漏流工作地	C0-D1-03-8 (12VGND)	18	组合间联线	A-03-18				

图 2－62　引导问题 1 图

	06		05		04				03			02			01		
	名称	组合侧面	名称	组合侧面	端子	电缆名称	具体采样位置		端子	电缆名称	具体采样位置	端子	电缆名称	具体采样位置	端子	电缆名称	具体采样位置
1	综合24 V+ ※	B-06-1 E-06-1	组合间联线	B-01-1	49	115-X3	1F-405-3	1	33	158-X3	2F-504-3	17	145-X3	1F-504-3	1	123/125-X3	1F-408-3
2			组合间联线	E-01-2	50	115-X4	1F-405-4	2	34	158-X4	2F-504-4	18	145-X4	1F-504-4	2	123/125-X4	1F-408-4
3	灯丝-IN	E-04-9	组合间联线	E-01-3	51	117/119-X3	1F-406-3	3	35	160-X3	2F-505-3	19	147-X3	1F-505-3	3	127-X3	1F-409-3
4	灯丝-12 V+	B-04-14	组合间联线	B-01-4	52	117/119-X4	1F-406-4	4	36	160-X4	2F-505-4	20	147-X4	1F-505-4	4	127-X4	1F-409-4
5	灯丝-X1		组合间联线	E-01-5	53	121-X3	1F-407-3	5	37	162-X3	2F-506-3	21	128/130-X3	2F-408-3	5	131-X3	1F-411-3
6	灯丝-X1'		组合间联线	E-01-6	54	121-X4	1F-407-4	6	38	162-X4	2F-506-4	22	128/130-X4	2F-408-4	6	131-X4	1F-411-4
7	灯丝-X2		组合间联线	E-01-7	55	129-X3	1F-410-3	7	39	170-X3	2F-509-3	23	132/134-X3	2F-409-3	7	133-X3	1F-412-3
8	灯丝-X2'		组合间联线	E-01-8	56	129-X4	1F-410-4	8	40	170-X4	2F-509-4	24	132/134-X4	2F-409-4	8	133-X4	1F-412-4
9	灯丝-S1		J00 ☆	C1-D4-b7	57	102/104-X3	2F-401-3	9	41	101/103-X3	1F-401-3	25	136/138-X3	2F-410-3	9	135/137-X3	1F-413-3
10	灯丝-S1'		J01 ☆	C1-D4-z7	58	102/104-X4	2F-401-4	10	42	101/103-X4	1F-401-4	26	136/138-X4	2F-410-4	10	135/137-X4	1F-413-4
11	灯丝-S2		J02 ☆	C1-D4-d8	59	106/108-X3	2F-402-3	11	43	105/107-X3	1F-402-3	27	140/142-X3	2F-411-3	11	139-X3	1F-501-3
12	灯丝-S2'		J03 ☆	C1-D4-b8	60	106/108-X4	2F-402-4	12	44	105/107-X4	1F-402-4	28	140/142-X4	2F-411-4	12	139-X4	1F-501-4
13	BUSY+	C1-D7-d1	J10 ☆	C1-D4-z4	61	110/112-X3	2F-403-3	13	45	109/111-X3	1F-403-3	29	150-X3	2F-501-3	13	141-X3	1F-502-3
14	BUSY-	C1-D7-z1	J11 ☆	C1-D4-d5	62	110/112-X4	2F-403-4	14	46	109/111-X4	1F-403-4	30	150-X4	2F-501-4	14	141-X4	1F-502-4
15	220 VJZ ※	B-06-12 E'-06-12	J20 ☆	C1-D4-b3	63	114/116-X3	2F-404-3	15	47	113-X3	1F-404-3	31	156-X3	2F-503-3	15	143-X3	1F-503-3
16	220 VJF ※	E-06-14 E'-06-14	JB0 ☆	C1-D4-z13	64	114/116-X4	2F-404-4	16	48	113-X4	1F-404-4	32	156-X4	2F-503-4	16	143-X4	1F-503-4
17	500 V+ ※	E-06-16	JB1 ☆	C1-D4-d14				17									
18	500 V- ※	E-06-18						18		组合间联线	E-03-18		组合间联线	E-04-10		组合间联线	E-04-16

图 2-63 引导问题 2 图

4. 检验完成情况

① 采用抢答的方式，各小组对教师提出的问题进行抢答，了解学生对图纸的掌握情况。

② 采用随机提问的方式，对小组内各成员掌握情况进行检验。

③ 对各小组图纸和施工配线情况进行检验。

2.9.8　评价反馈

1. 评价流程

2. 评价表

表 2–48 为任务评价表。

① 学生自评，并将结果填入学生自评栏中。

② 教师对学生工作过程与工作结果进行评价，并将评价结果填入教师综合评价栏中。

表 2–48　任务评价表

项目 2　安装采集设备		任务 2.9　实现绝缘漏流监测		
班级：		姓名：	学号：	
一、学生自评				
序号	项目评价	评价标准	分值	得分
1	工具准备清单	能正确配置工具清单	15	
2	采集设备安装	能正确安装采集设备	15	
3	布线	能正确布线	15	
4	配线焊接	能按标准进行焊接	15	
5	导通	能根据配线图导通	20	
6	工作质量	能按计划完成任务	10	
7	协调能力	与小组成员之间能合作交流，协调工作	10	

续表

二、教师综合评价

班级： 姓名： 学号：

项目评价		评价标准	分值	得分
考勤（10%）		未出现无故迟到、早退、旷课现象	10	
工作过程（70%）	工具准备清单	能正确配置工具清单	10	
	采集设备安装	能正确安装采集设备	15	
	布线	能正确布线	15	
	配线焊接	能按标准进行焊接	15	
	导通	能根据配线图导通	15	
	工作态度	态度端正，工作认真，对不会的问题能主动提问	5	
	工作完整	能按时完成任务	5	
	工作规范	能按规范要求完成任务	5	
	成果展示	能准确表达、汇报工作成果	5	
综合评价	自评（40%）	教师评价（60%）	综合得分	

课后作业

1. 电缆全程对地绝缘监测的主要目的是什么？

2.当绝缘测试路数在（　　　　）路以内时使用 E、A、B、C、D 共 5 层组合。

3. E 层中的 E10 安装的是（　　　　　　　　）单元。

4. A 层中的 A10 安装的是（　　　　　　　　）单元。

5. 绝缘漏流测试组合为 E、A、B、C、D 共 5 层，其中 E 层为（　　　　　）层，A 层为（　　　　　）层。

任务 2.10　实现环境监测

2.10.1　任务导入

环境监测是信号集中监测的重要环节。设备应在安全可靠的环境下运行，这样才能保证行车的安全。小李是某工程局电务负责人，通过采访了解到，首先要认识环境监测设备并了解如何使用，之后还要看懂设备安装示意图，掌握安装方法及工艺，具备这些知识后才能够胜任环境监测的施工任务。下面就从识读环境监测图纸开始学习。

2.10.2　任务目标

学习目标	1. 了解环境采集施工过程 2. 理解环境采集原理 3. 认识环境采集设备
能力目标	1. 能看懂环境采集施工图纸 2. 能安装采集设备 3. 能根据图纸进行配线施工
素质目标	1. 培养学生认识新事物的能力 2. 培养学生自主学习的能力 3. 培养学生独立思考的能力 4. 培养学生精益求精的精神

2.10.3　任务分析

本次任务包含：1 个知识点（环境监测的内容）和 1 个技能点（环境监测的安装）。

1. 实现功能

对可能会影响机械室内设备安全运行的一些环境相关信息（如温度、湿度、烟雾、水浸、玻璃破碎、门禁报警、电源屏和市电信息、环境调节设备工作情况等）进行监测、监控。当机械室环境监控子系统监测到温湿度值超出预定值时启动环境调节设备（如空调、风机等），当出现火灾、水灾等自然灾害及门禁报警和玻璃破碎等人为侵入时及时向监控中心发出报警信息，并在本地启动声光报警。机械室子系统具有图像监视能力，可以向监控中心传送机械室内图像或实时视频信息。信号机械室环境监控系统结构框图如图 2－64 所示。

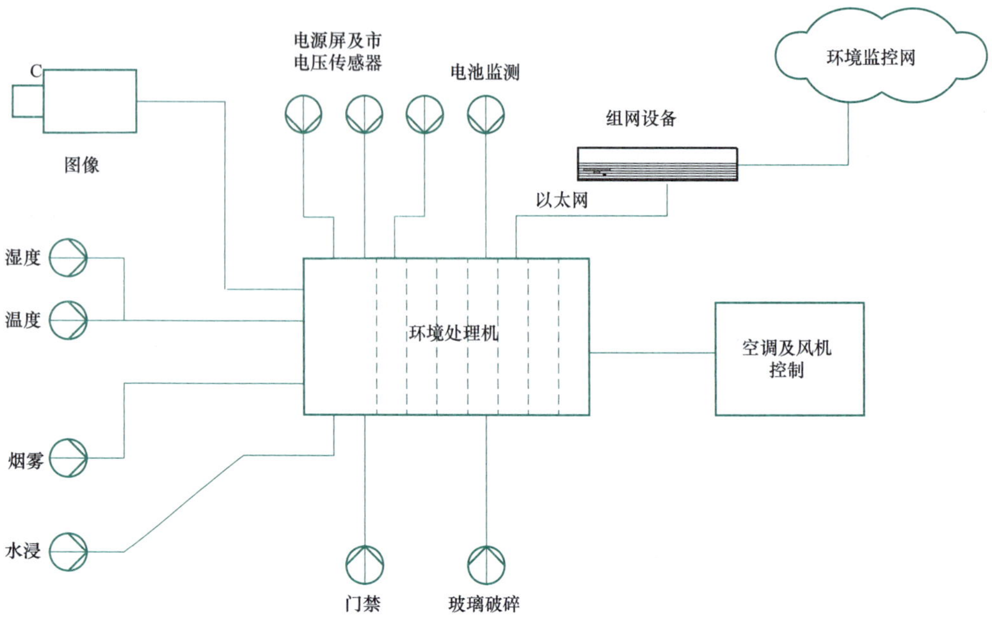

图 2-64　信号机械室环境监控系统结构框图

2. 监测对象

1）空调

主要监测空调工作的电压、电流及空调附近环境的温度与湿度。

2）环境信息

温度与湿度：主要监测关键区域或设备的温度与湿度。

烟雾报警：当监测区域内烟雾浓度达到报警门限时，会产生烟雾报警，此报警为开关量报警。

明火报警：在监测区域内若有明火产生且持续一定时间（为 0.2 s、1 s、6 s、30 s 可调），则会产生明火报警，此报警为开关量报警。

水浸报警：被监测空调如果不漏水则产生报警，此报警为开关量报警。

门禁报警：被监测的门如果被打开则产生报警，此报警为开关量报警。

红外报警：被监测区域内如果有移动物体则产生报警，此报警为开关量报警。

玻破报警：被监测区域内如果有玻璃被击碎则产生报警，此报警为开关量报警。

3）视频信息

通过摄像头将机械室内的图像上传给监控中心。典型机械室环境监控示意图如图 2-65 所示。

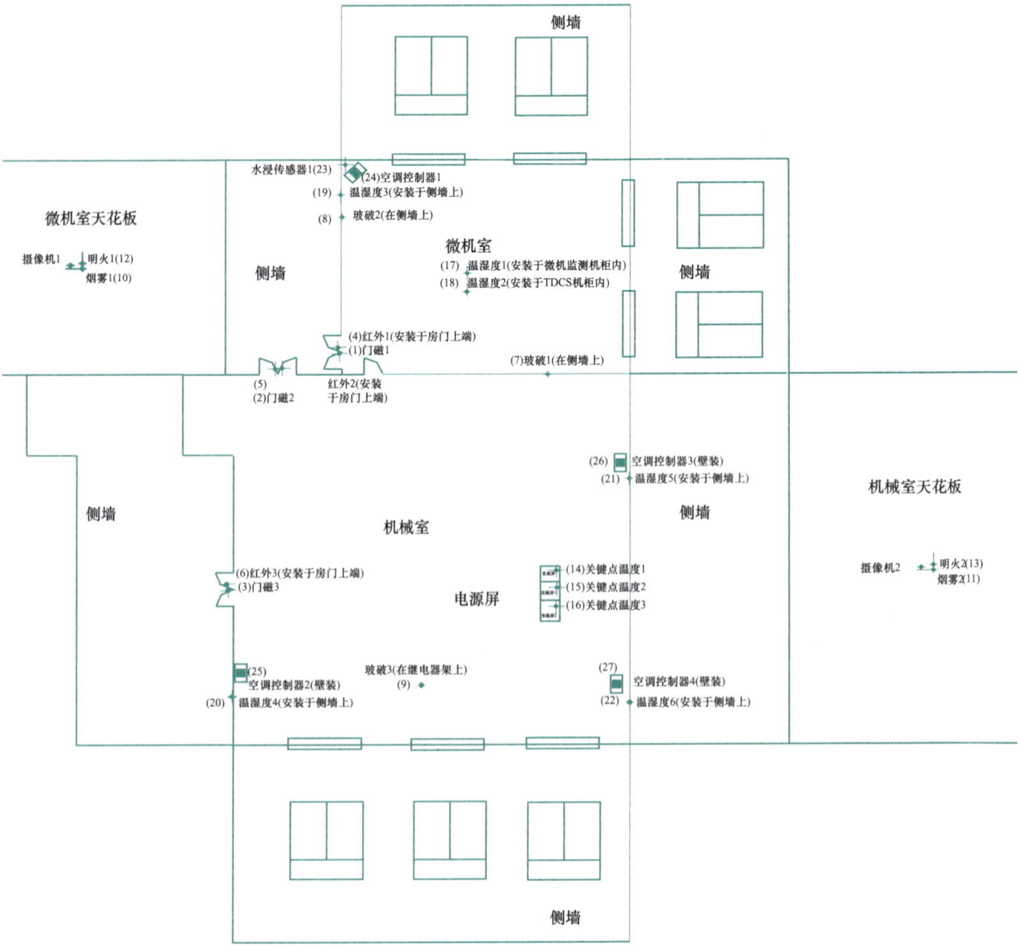

图 2-65　典型机械室环境监控示意图

3. 监测点

（1）空调电压、电流监测：监测空调工作电源，监测点一般为空调工作电源的空开或墙壁插座处。

（2）环境温度、湿度监测：空调监控器的温度、湿度的监测点为空调附近的环境温度与湿度。关键区域或设备的温度的监测点一般为集中监测机柜内的温度、电源屏变压器或发热量较大的散热片处。

（3）烟雾：该传感器一般安装在被监测区域的天花板的正中央，其监测点为整个被监测区域。

（4）明火：该传感器一般安装在被监测区域的天花板的正中央，其监测点为整个被监测区域。

（5）水浸：其监测点为对应空调的出水管连接处。

（6）门禁：其监测点为对应门的活动扇。

（7）红外：其监测点为对应门的进出通道处。

（8）玻破：其监测点为被监测区域内的所有玻璃。

4. 监测原理

1）空调电压、电流监测

（1）电压监测。空调工作电压引入空调监控器，经高阻降压、运算放大、精密整流、再运算放大后进行 A/D 转换器，经 CPU 处理后通过 RS－485 总线送至上位机进行显示、存储等。

（2）电流监测。空调工作电源引入空调监控器，经电源电流传感器感应输出的电流信号，通过 I/V 转换后进行 A/D 转换，经 CPU 处理后通过 RS－485 总线送至上位机进行显示、存储等。

监测原理：开关由两部分组成，一部分是没有接线端的活动端，内部封装了一块永久磁铁，它将安装在门扇上。另外一部分有两个接线端，称为感受端，内部封装的是一个磁性继电器，当活动端距离感受端 16 mm 以内时，磁性继电器吸合，两个接线端处于短路状态；当两部分距离大于 16 mm 时，两个接线端处于断路状态，采集此接线端的状态，即可知道被监视的门扇处于打开或是关闭的状态。

2）红外报警

监测原理：传感器在有效范围实时检测物体反射的红外光线，并检测到位移时，产生报警信息，具有防拆报警功能（当外壳被打开时也产生报警）。

3）玻璃破碎报警

监测原理：传感器在有效范围实时检测空间内特定频段的音频信号，当音频信号超过一定的幅值时，产生报警信息。由于检测的是音频信号，因此，有可能会产生误报警，如果在传感器附近有比较大的噪声源，可能会引起该传感器报警。

4）水浸报警

设备型号：JS－HS。

监测原理：传感器通过下部的两根探针检测接触面的电阻，当接触面因为潮湿等原因电阻下降，达到一定数值时，产生报警信息。

5）烟雾报警

设备型号：JTY－LZ－1424。

监测原理：传感器通过内部的离子涂层感受空气中的烟雾浓度，当烟雾浓度达到一定数值时，产生报警信息。

6）明火报警

设备型号：FS－2000E。

监测原理：通过探测波长为 185～260 nm 的紫外线，在达到报警上限时，产生声音报警信息，同时采集机可以通过继电器干结点采集到此报警信息。

5. 程序处理流程

1）模拟量监测程序处理流程

空调电压、电流及空调附近温、湿度模拟量监测，是经空调监控器内部处理后通过 RS－485 总线上送至上位机进行显示、存储。

关键区域或设备的温、湿度监测，是温湿度一体化传感器或温度传感器把监测到的温湿度值转换成 4～20 mA 的电流信号送至温湿度采集板，经过 I/V 转换及 A/D 转换后送至 CPU 进行处理，最后通过 CAN 总线送至上位机进行显示、存储。

2）报警开关量监测程序处理流程

所有报警开关量信息均为直流 24 V 开关量信息，当相应的报警产生时，该报警信息上送至报警输入板，经过 CPU 处理后通过 CAN 总线送至上位机进行显示、存储。

3）烟感继电器复位程序处理流程

平时开出板一直开出，使烟感继电器吸起，通过烟感继电器的上接点给烟雾传感器供电，烟雾传感器处于工作状态。当烟雾传感器检测到一定浓度的烟雾时开始报警，报警信息送至报警输入板，经 CPU 处理后通过 CAN 总线送至上位机。当得到上位机的确认后，上位机给下位机发送命令，开出板停止开出，烟感继电器落下，烟雾传感器因断电需停止工作。上位机在 1 s 后再次向下位机发送命令，使开出板继续开出，从而保证烟雾传感器继续工作。

6. 环境监测施工

1）温湿度一体化传感器安装

温湿度一体化传感器安装示意图如图 2–66 所示。

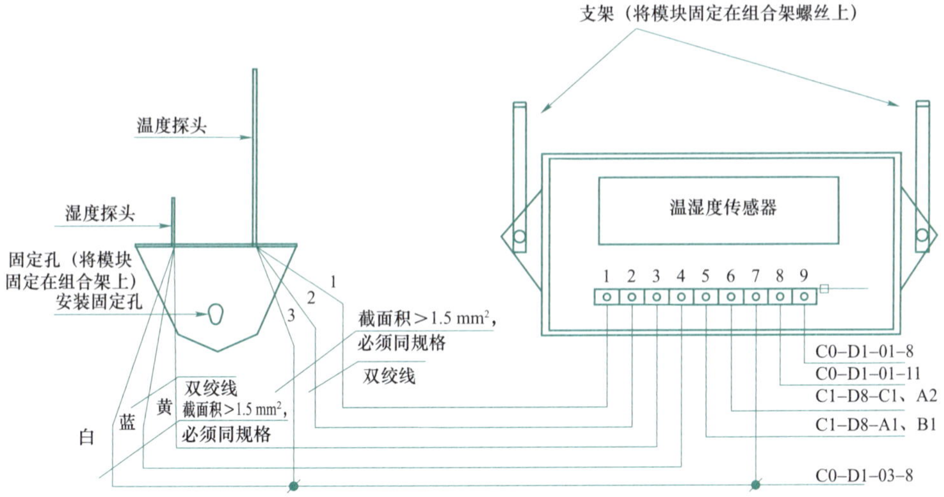

图 2–66 温湿度一体化传感器安装示意图

（1）温度探头输出 3 根线，在插头上标注线号为 1、2、3，其中 1 和 3 是通的，一个接传感器的 1，另一个接传感器的 7，即 12 V GND。2 线与其他线量不通，应接温湿度传感器的 2。

（2）湿度探头输出 3 根线，按颜色通常为蓝、黄、白。蓝线上有正号标志，接温湿度传感器的 4，其他黄线接 3，白线接 7。

（3）温湿度传感器采用壁挂式安装于组合架上。

2）火光探测传感器安装

探测区域：10 m，120° 圆锥形。

环境要求：–10° ～60° 无凝结。

安装要求：安装位置同烟雾传感器的安装位置。

安装底座：

（1）将底座的 180° 的两点在墙上做好标记。

（2）在墙上做标记的地方打孔，将钉子钉入，留 5 mm 在外面。

（3）通过转动底座来调整传感器的方向（调整范围 25°），然后拧紧螺丝。

（4）每个站有 3 个传感器，输出分别到 C1－D2－C12、C1－D2－A13、C1－D2－B13。

图 2－67 为火光探测传感器安装示意图。

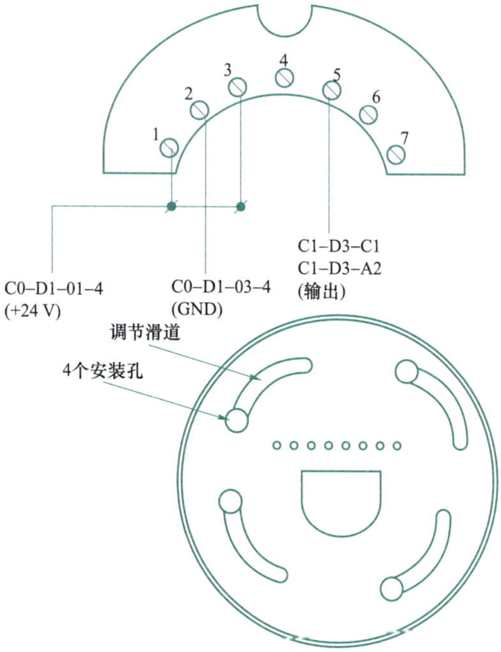

图 2－67　火光探测传感器安装示意图

3）光电烟雾传感器安装

安装要求：光电烟雾传感器安装在机械室屋顶平面处，距天花板 10 cm，烟雾传感器不能安装在空调的出风口，也不能安装在吊扇的下面。烟雾传感器的工作温度为 0～38 ℃，湿度为 80%。

图 2－68 为光电烟雾传感器安装示意图。

1—24 V地：C0–D1–03–3；
2—24 V+：C0–D1–01–3；
6—公共端，接+24 V：2；
5—常开，接输出：
C1–D3–A1；
C1–D3–B1；
（一个站有3个传感器）。

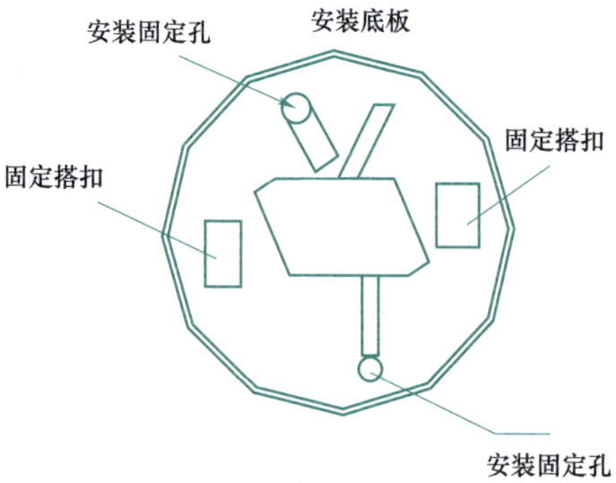

图 2－68　光电烟雾传感器安装示意图

2.10.4 任务实施

表 2-49 为任务实施说明表。

表 2-49 任务实施说明表

任务	完成环境监测的施工工作
沟通	开展专题讨论，讨论完成该任务应该具备哪些知识，准备哪些工具
准备	学生采用随机的形式分组，组内做好分工，准备好工具，明确工作进度和要求
实施	步骤： 1. 准备好实训设备及工具 2. 收集环境监测相关的施工资料 3. 依据配线图、标准施工工艺照片完成配线工作 4. 完成环境监测施工

2.10.5 工作单

表 2-50 为工作单。

表 2-50 工作单

班级：　　姓名：　　学号：　　完成时间： 任务名称：	
沟通	操作名称与描述： 完成情况：
准备	操作名称与描述： 完成情况：
实施	第一步： 操作名称与描述： 完成情况： 第二步： 操作名称与描述： 完成情况：
整理	操作名称与描述： 完成情况：

2.10.6 准备工作

1. 扫码看课

2. 工具材料准备

表 2–51 为工具材料表。

表 2–51 工具材料表

工具	材料	设备
螺丝刀	阻燃软线	烟雾、明火报警器
剥线钳	焊锡	温湿度传感器
斜口钳		门禁
钢丝钳		
电烙铁		

2.10.7 工作实施

1. 分组

表 2–52 为分组表。

表 2–52 分组表

<table>
<tr><td>班级</td><td></td><td>组号</td><td></td><td>组长</td><td></td></tr>
<tr><td rowspan="4">组员</td><td>姓名</td><td>角色</td><td>姓名</td><td colspan="2">角色</td></tr>
<tr><td></td><td></td><td></td><td colspan="2"></td></tr>
<tr><td></td><td></td><td></td><td colspan="2"></td></tr>
<tr><td></td><td></td><td></td><td colspan="2"></td></tr>
</table>

2. 工作流程

施工准备 → 施工过程 → 验收

施工准备：
1. 分组
2. 工具准备
3. 分工、设备调查

施工过程：
1. 施工
2. 导通试验

验收：
1. 根据标准验收

3. 工作实施

① 确定小组任务，按照教师要求，在小组内进行讨论。

② 举例进行讲解，确定最终完成的目标。

③ 根据施工图纸，进行图纸识读。

4. 检验完成情况

① 采用抢答的方式，各小组对教师提出的问题进行抢答，了解学生对图纸的掌握情况。

② 采用随机提问的方式，对小组内各成员掌握情况进行检验。

③ 对各小组图纸和施工配线情况进行检验。

2.10.8　评价反馈

1. 评价流程

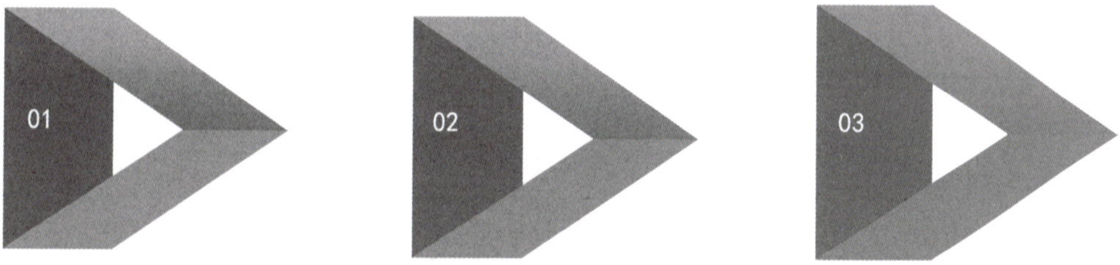

学生自评 | 教师综合评价 | 评价反馈

2. 评价表

表 2-53 为任务评价表。

① 学生自评，并将结果填入学生自评栏中。

② 教师对学生工作过程与工作结果进行评价，并将评价结果填入教师综合评价栏中。

表 2-53　任务评价表

项目 2　安装采集设备		任务 2.10　实现环境监测		
班级：		姓名：	学号：	
一、学生自评				
序号	项目评价	评价标准	分值	得分
1	工具准备清单	能正确配置工具清单	15	
2	采集设备安装	能正确安装采集设备	15	
3	布线	能正确布线	15	
4	配线焊接	能按标准进行焊接	15	

续表

序号	项目评价	评价标准	分值	得分
5	导通	能根据配线图导通	20	
6	工作质量	能按计划完成任务	10	
7	协调能力	与小组成员之间能合作交流，协调工作	10	

二、教师综合评价

班级：　　　　　　　　姓名：　　　　　　　　学号：

	项目评价	评价标准	分值	得分
考勤（10%）		未出现无故迟到、早退、旷课现象	10	
工作过程（90%）	工具准备清单	能正确配置工具清单	10	
	采集设备安装	能正确安装采集设备	15	
	布线	能正确布线	15	
	配线焊接	能按标准进行焊接	15	
	导通	能根据配线图导通	15	
	工作态度	态度端正，工作认真，对不会的问题能主动提问	5	
	工作完整	能按时完成任务	5	
	工作规范	能按规范要求完成任务	5	
	成果展示	能准确表达、汇报工作成果	5	
综合评价	自评（40%）	教师评价（60%）	综合得分	

课后作业

1. 环境监测的环境信息有哪些？

2. 环境监测点分别安装在哪里？

3. 图 2-69 所示采集的信息是火光报警器接线图，其工作电源由哪里送出来？信息输出端子为哪个端子？请在实物中找出其位置。

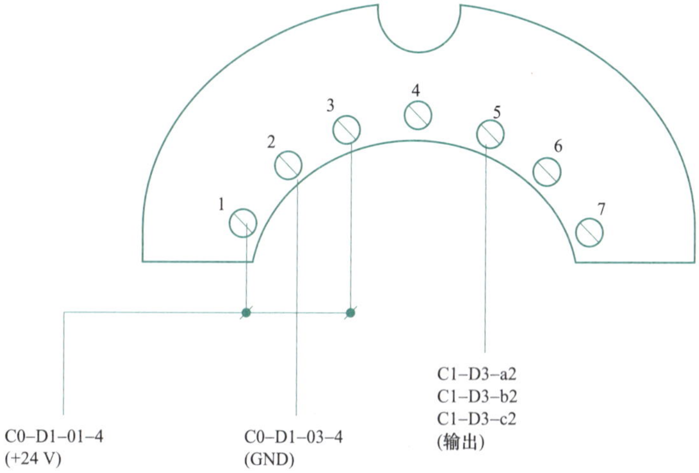

图 2-69　题 3 图

4. 请说明玻璃破碎报警工作原理。

ZPW-2000A 测试

项目 3

分析信号集中监测曲线

项目导引

目前，利用集中监测曲线分析信号设备运行状态已成为铁路电务人员展开工作的最重要方法，能够熟练、准确地根据曲线来预判设备故障、远程提取数据、辅助分析问题，是铁路信号工作人员的重要技能。

本项目主要学习信号集中监测系统生成的直流道岔动作曲线、交流道岔动作曲线、轨道电路电压曲线及移频轨道电路电压曲线的分析方法。通过典型信号设备故障和电气特性异常案例，有针对性地总结了一些监测曲线分析的有效方法和规律，通过对监测曲线的分析，找到信号设备电气特性的形态与相应电路的对应关系。掌握其方法，可以缩短电务工作人员排查故障的时间，可以发现设备故障隐患，及时更换或处理设备，确保信号设备正常。

任务 3.1　分析直流道岔动作曲线

3.1.1　任务导入

分析直流道岔动作曲线是现场信号监测人员重要的工作内容。小王是现场电子车间主任，通过采访了解到，掌握直流道岔动作曲线的分析方法是现场信号监测人员一项必备的基本技能。掌握该方法后，信号维修人员能够通过动作曲线分析设备运行情况，及时发现设备隐患，对设备进行检修，以及当发生故障时利用道岔动作曲线划分故障范围，分析故障原因，快速处理故障。怎样才能掌握其分析方法呢？首先应理解道岔控制原理，掌握正常的道岔动作曲线，浏览故障曲线，学习典型故障案例曲线，这样才能掌握该技能。下面将从直流道岔动作曲线的分析开始学习。

3.1.2　任务目标

学习目标	1. 认识正常的直流道岔动作曲线 2. 阅读各种道岔故障曲线及案例

续表

能力目标	1. 能看懂道岔动作曲线 2. 能分析道岔动作曲线
素质目标	1. 培养学生认识新事物的能力 2. 培养学生自主学习的能力 3. 培养学生独立思考的能力 4. 培养学生团队合作的精神 5. 培养学生精益求精的精神

3.1.3　任务分析

本次任务包含 2 个知识点（道岔动作电流标准曲线的分析和道岔故障曲线产生的原因）。

道岔动作电流曲线分析

图 3–1 为 ZD6 单机牵引道岔转换电流–时间特性曲线。

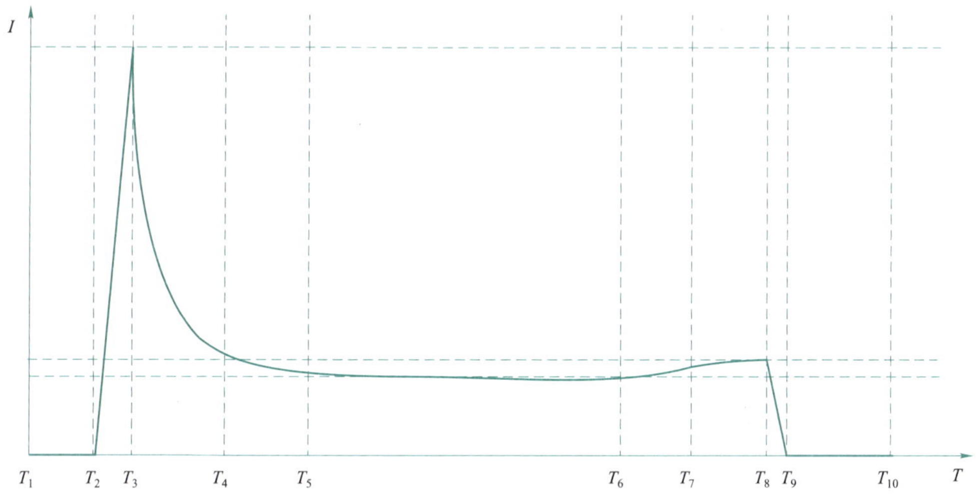

图 3–1　ZD6 单机牵引道岔转换电流–时间特性曲线

道岔动作电流曲线是一条以电流为纵轴、时间为横轴、10 ms 为测量间隔的各电流值逐点连接绘制而成的曲线，蕴含了道岔转换过程中的电气特性和机械特性。

1）时间特性

（1）T_2-T_1=1DQJ 为吸起时间+2DQJ 转极时间，应≤0.3 s。

（2）T_3-T_2≤0.05 s（ZD6 电机上电时间）。

（3）T_4-T_1≤0.6 s，其中 T_3～T_4 段为道岔解锁，密贴尖轨开始动作时间。

（4）T_7-T_4=道岔尖轨移动时间，时间的长短视转换阻力而变，一般取 T_4～T_7 间的平均电流作为道岔动作电流。

（5）T_8-T_7≤0.25 s（尖轨密贴至道岔锁闭的时间），其电流值对应道岔的密贴力。

（6）$T_9-T_8 \leqslant 0.05$ s（ZD6 完成机械锁闭），自动开闭器速动接点断开电路的转换时间。

（7）$T_{10}-T_9$=1DQJ 为缓放时间，应≥0.4 s。

2）曲线各段的含义

（1）电机启动时（T_2～T_3段）曲线骤升，形成一个尖峰，峰顶值通常为 6～10 A。若峰值过高，说明道岔电机有匝间短路。

（2）电流至峰点后迅速回落（T_3～T_4段），弧线应平顺。若有台阶或鼓包则为道岔密贴调整过紧造成解脱困难。

（3）T_4～T_5段曲线基本呈水平状，略微向下。T_6～T_7段为一略微向上的平顺曲线。T_5～T_6段为一半径大、方向朝下的弧，谷底值与T_4～T_5或T_6～T_7段的平均值之差不应大于 0.4 A，若大于则说明工务尖轨有转换障碍（跟部阻力、滑床板缺油、尖轨吊板等）。

（4）T_4～T_7 段平均值为转辙机工作电流。曲线应平滑，若电流幅值上下抖动则有以下可能：滑床板凹凸不平、碳刷与整流子面接触不良或有污垢、电机有匝间短路。T_4～T_7段曲线若有大量的回零点，则为电机转子断线。

（5）T_7～T_8段为锁闭电流，一般高于 T_6～T_7段的，但不应高出 0.25 A 以上，若高于则为道岔密贴调整过紧。当道岔进行 4 mm 试验时，在 T_8后有一串逐渐下滑的波动段，波峰与波谷间的电流之差不应大于 0.35 A，若大于则为摩擦带不良。

（6）T_9～T_{10}段为 1DQJ 缓放时间。

3.1.4 准备工作

1. 准备流程

2. 扫码看课

3. 回答引导问题

引导问题 1：道岔动作电流曲线采集的要素是什么？

引导问题 2：用表格的形式表示出 ZD6 型各种转辙机的动作时间。

动作时间	类型				
	ZD6				
	A	D	E	J	F
≤s					

引导问题 3：浏览正常直流道岔动作曲线（见图 3–2），回答下列问题。

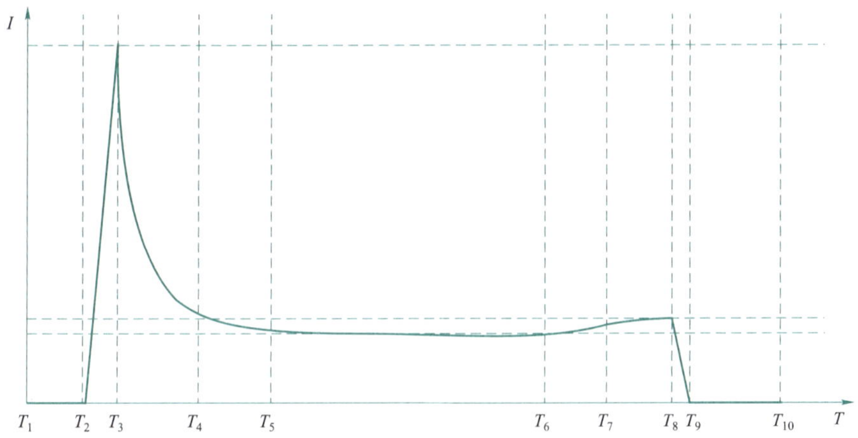

图 3–2　ZD6 单机牵引道岔转换电流–时间特性曲线

1. 图 3–2 为直流道岔动作曲线，横坐标是什么，纵坐标是什么？

2. 时间特性

（1）$T_2-T_1=$（　　　　）时间+（　　　　）时间，应≤0.3 s。

（2）$T_3-T_2\leqslant 0.05$ s，是（　　　　）时间。

（3）$T_4-T_1\leqslant 0.6$ s，其中 $T_3\sim T_4$ 段为（　　　　），密贴尖轨开始动作时间。

（4）$T_7-T_4=$（　　　　）时间，时间的长短视转换阻力而变，一般取 $T_4\sim T_7$ 间的平均电流作为道岔动作电流。

（5）$T_8-T_7\leqslant 0.25$ s（　　　　）的时间，其电流值对应道岔的密贴力。

（6）$T_9-T_8\leqslant 0.05$ s，ZD6 完成（　　　　），自动开闭器速动接点断开电路的转换时间。

（7）$T_{10}-T_9=$（　　　　）时间，应≥0.4 s。

3.1.5 工作实施

1. 分组

表 3–1 为分组表。

表 3–1 分组表

班级		组号		组长	
组员	姓名	角色	姓名	角色	

2. 工作流程

扫描 3.1.4 节中的二维码浏览故障案例—学习曲线分析方法—小组讨论—考核。

3. 工作实施

① 确定小组任务，按照教师要求，在小组内进行讨论。

② 举例进行讲解，确定最终完成的目标。

③ 学习故障案例曲线，进行曲线分析练习。

案例 3–1：道岔转换时电流曲线呈锯齿状波动（见图 3–3）。

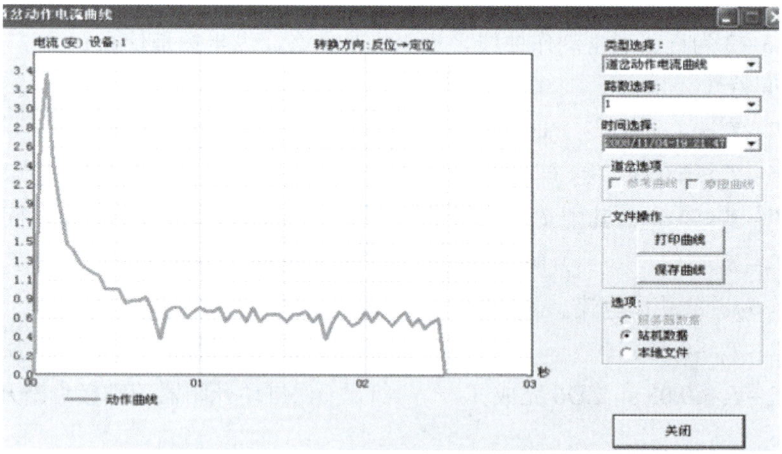

图 3–3 道岔转换时电流曲线

分析：道岔在转换过程中动作电流曲线呈锯齿状，动作电流波动较大。

常见原因：（1）转辙机摩擦带磨损。（2）电机碳刷与换向面不是同心弧面接触，只是部分接触，电机在转动过程中，换向器产生环火。（3）电机换向器信号有断格。（4）道岔滑床板吊板，道岔在转换过程中，尖轨抖动。

案例 3-2：道岔转换段动作电流呈上坡形曲线（见图 3-4）。

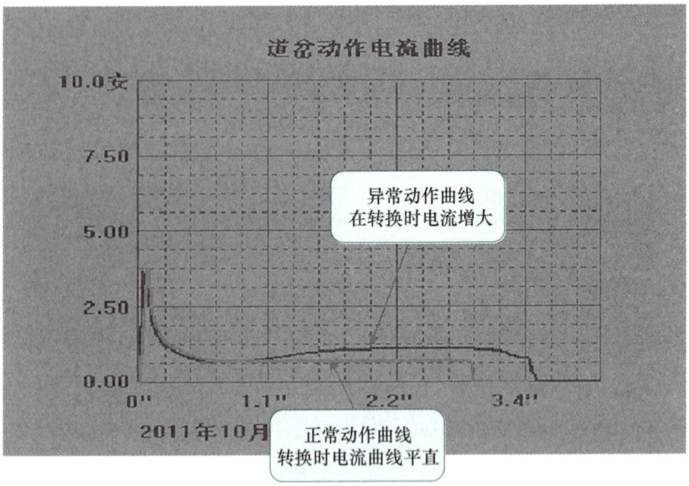

图 3-4　道岔转换段动作电流

分析：道岔在转换过程中电流与正常动作时相比明显增大，整个转换时间也较正常时延长。这样的动作电流曲线，表明道岔在转换过程中阻力较大，情况严重时很容易造成道岔转不到底。

常见原因：（1）滑床板缺油或滑床板有砂等异物。（2）砂石掩埋动作杆、表示杆。（3）动作杆、表示杆擦轨枕。（4）道岔不方正。

案例 3-3：道岔锁闭段动作电流呈上坡形曲线（见图 3-5）。

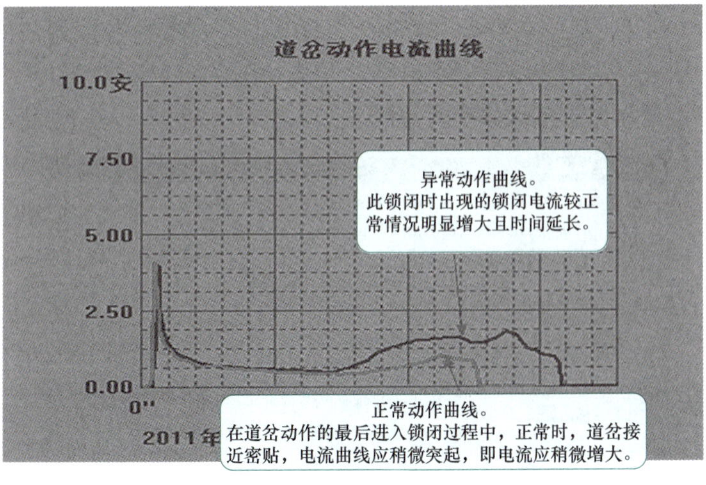

图 3-5　道岔锁闭段动作电流

分析：在道岔转换过程进入尾声，即将锁闭时，正常情况下动作电流会因锁闭压力而略有上翘。若当道岔锁闭时曲线很平或降低，说明压力偏小，4 mm 易失效；曲线突起越大，说明道岔压力越大。如图 3-5 所示，道岔此时动作电流与正常情况相比明显增大，整个转换时间也较正常时延长，这样的动作电流曲线表明道岔在锁闭时阻力变大。

常见原因：（1）道岔密贴调整不当，锁闭时压力偏大，造成尖轨反弹。（2）尖轨变形。（3）滑床板缺油、吊板。（4）动作杆、表示杆擦轨枕。

案例 3－4：道岔锁闭段出现较长时间摩擦电流，且摩擦电流值达标（见图 3－6）。

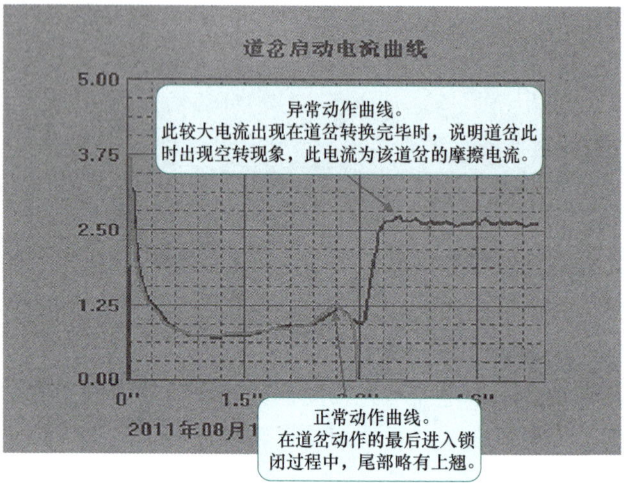

图 3－6　道岔锁闭段出现较长时间摩擦电流

分析：道岔在转换完毕后，动作电流未像正常动作曲线一样回零，反而明显增大，说明道岔出现空转现象，此大电流即为道岔的摩擦电流。经了解，该道岔为 ZD6－A 型道岔，且摩擦电流符合 2.3～2.9 A 的标准。此曲线说明道岔到位后不能锁闭。

常见原因：（1）尖基轨密贴处有异物。（2）压力调整不当，压力过大。（3）尖轨爬行。

案例 3－5：道岔摩擦电流偏小（见图 3－7）。

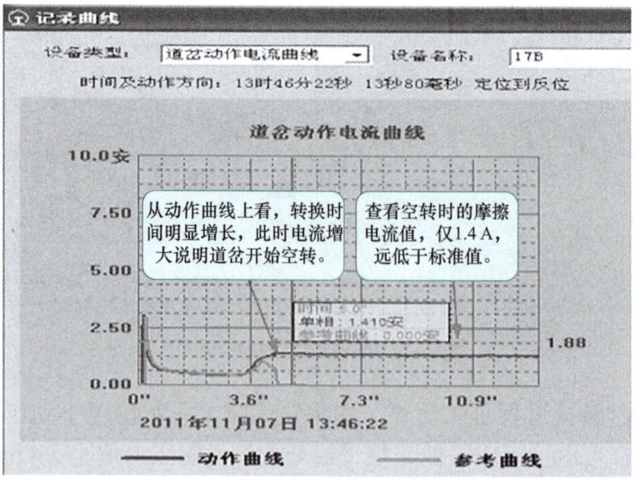

图 3－7　道岔摩擦电流偏小

分析：如图 3–7 所示，道岔启动、转换过程均正常，但不能锁闭，道岔出现空转。该道岔为 ZD6–J 型，摩擦电流标准为 2.0～2.5 A，从图中摩擦电流值来看，电流值仅为 1.4 A。摩擦电流过小，导致其不能锁闭。

常见原因：（1）摩擦电流调整不当。（2）摩擦带进油或摩擦连接器螺丝松等原因导致摩擦带失效。

4. 检验完成情况

① 采用抢答的方式，各小组对教师提出的问题进行抢答，了解学生对曲线分析的掌握情况。

② 采用随机提问的方式，对小组内各成员掌握情况进行检验。

③ 学生利用实训室设备，录制典型故障曲线案例分析视频。

3.1.6　评价反馈

1. 评价流程

2. 评价表

表 3–2 为任务评价表。

① 学生自评，并将结果填入学生自评栏中。

② 教师对学生工作过程与工作结果进行评价，并将评价结果填入教师综合评价栏中。

表 3–2　任务评价表

项目 3　分析信号集中监测曲线		任务 3.1　分析直流道岔动作曲线		
班级：		姓名：	学号：	
一、学生自评				
序号	项目评价	评价标准	分值	得分
1	直流道岔正常动作曲线的分析	能正确分析直流道岔的正常动作曲线	20	
2	采集原理	能正确说出直流道岔采集原理内容	20	
3	采集位置	能正确说出直流道岔采集的位置	20	
4	故障案例曲线分析	能正确分析图纸原理	20	
5	工作质量	能按计划完成任务	10	
6	协调能力	与小组成员之间能合作交流，协调工作	10	

续表

<table>
<tr><th colspan="5">二、教师综合评价</th></tr>
<tr><td colspan="2">班级：</td><td>姓名：</td><td colspan="2">学号：</td></tr>
<tr><td></td><td>项目评价</td><td>评价标准</td><td>分值</td><td>得分</td></tr>
<tr><td colspan="2">考勤（10%）</td><td>未出现无故迟到、早退、旷课现象</td><td>10</td><td></td></tr>
<tr><td rowspan="8">工作过程（70%）</td><td>直流道岔正常动作曲线的分析</td><td>能正确分析直流道岔的正常动作曲线</td><td>10</td><td></td></tr>
<tr><td>采集原理</td><td>能正确说出直流道岔采集原理内容</td><td>10</td><td></td></tr>
<tr><td>采集位置</td><td>能正确说出直流道岔采集的位置</td><td>10</td><td></td></tr>
<tr><td>故障案例曲线分析</td><td>能正确分析图纸原理</td><td>20</td><td></td></tr>
<tr><td>工作态度</td><td>态度端正，工作认真，对不会的问题能主动提问</td><td>5</td><td></td></tr>
<tr><td>工作规范</td><td>能按规范要求完成任务</td><td>5</td><td></td></tr>
<tr><td>成果展示</td><td>能准确表达、汇报工作成果</td><td>30</td><td></td></tr>
</table>

<table>
<tr><td rowspan="2">综合评价</td><td>自评（40%）</td><td>教师评价（60%）</td><td>综合得分</td></tr>
<tr><td></td><td></td><td></td></tr>
</table>

课后作业

图 3-8 为 ZD6 转辙机动作曲线，请说出问题所在，并指出故障范围。

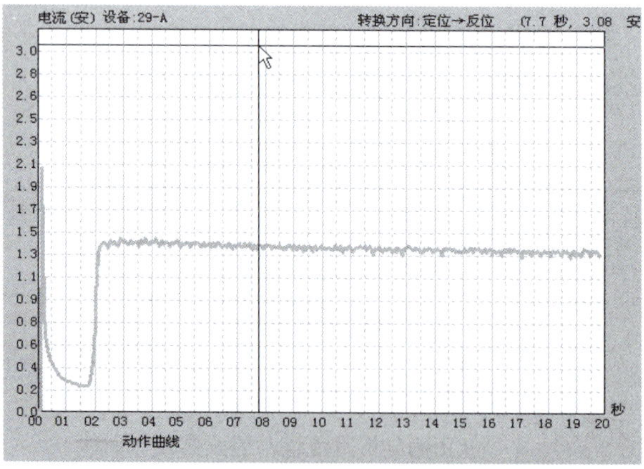

图 3-8　ZD6 转辙机动作曲线

扫码看答案

任务 3.2　分析交流道岔动作曲线

3.2.1　任务导入

交流道岔是高速铁路常用的转辙机类型。它的曲线分析是现场信号监测人员重要的工作内容。小王是现场电子车间主任，通过采访了解到，掌握交流道岔动作曲线的分析方法是现场监测人员一项必备的基本技能。掌握其方法后，信号维修人员能够通过动作曲线分析设备运行情况，及时发现设备隐患，对设备进行检修，以及当发生故障时利用道岔动作曲线划分故障范围，分析故障原因，快速处理故障。怎样才能掌握其分析方法呢？首先应理解道岔控制原理，掌握正常的道岔动作曲线，浏览故障曲线，学习典型故障案例的曲线，这样才能较好地掌握该技能。下面将从交流道岔动作曲线的分析开始学习。

3.2.2　任务目标

学习目标	1. 认识正常的交流道岔动作曲线 2. 阅读各种道岔故障曲线及案例
能力目标	1. 能看懂道岔动作曲线 2. 能分析道岔动作曲线
素质目标	1. 培养学生认识新事物的能力 2. 培养学生自主学习的能力 3. 培养学生独立思考的能力 4. 培养学生团队合作的精神 5. 培养学生精益求精的精神

3.2.3　任务分析

本次任务包含 2 个知识点（交流道岔动作电流标准曲线的分析和道岔故障曲线产生的原因）。

三相交流转辙机动作过程主要分 5 个步骤，具体如下。

第一步，1DQJ 吸起：1DQJ 吸起后，道岔动作曲线开始记录。

第二步，2DQJ 转极：在 2DQJ 转极时，动作电流曲线将出现一个较大峰值（为表述方便，本书将道岔开始启动时产生的瞬间大电流简称为启动电流），说明道岔启动电路已接通，道岔开始动作。

第三步，道岔动作：道岔动作过程分为解锁、转换、锁闭 3 步。解锁与转换的分界点以斥离尖轨开始动作为准，锁闭时以斥离尖轨密贴到位为准。

第四步，启动电路断开：道岔转换完毕，自动开闭器接点转换到规定位置，断开启动电路，使 BHJ 落下，1DQJ 自闭电路断开进入缓放状态 [《高速铁路信号维护规则》（2015）322（TG/XH 102—2015）中规定：在 24 V 条件下，JWJXC−H125/80 型继电器在失磁时缓放时间不少于 0.5 s]。在 1DQJ 缓放时间内，启动电路中仍有两相小电流存在（为表述方便，本书将此电流按其形象简称为“小尾巴”），这是由于道岔到位后自动开闭器接点接通了室外表示电路，此时室内 1DQJ 还在缓放中，1DQJF 也未落下，三相交流转辙机 380 V 电源还在向外输出，有两相（定位为 X1、X2，反位为 X1、X3）能经室外表示电路构通回路，从而产生电流。“小尾巴”的长短取决于 1DQJ 缓放时间；电流数值的大小取决于表示回路电阻，一般为 0.5 A 左右。

第五步，1DQJ 落下：1DQJ 经过缓放后落下，停止记录道岔动作曲线。

图 3−9 为三相道岔动作电流标准曲线示意图。

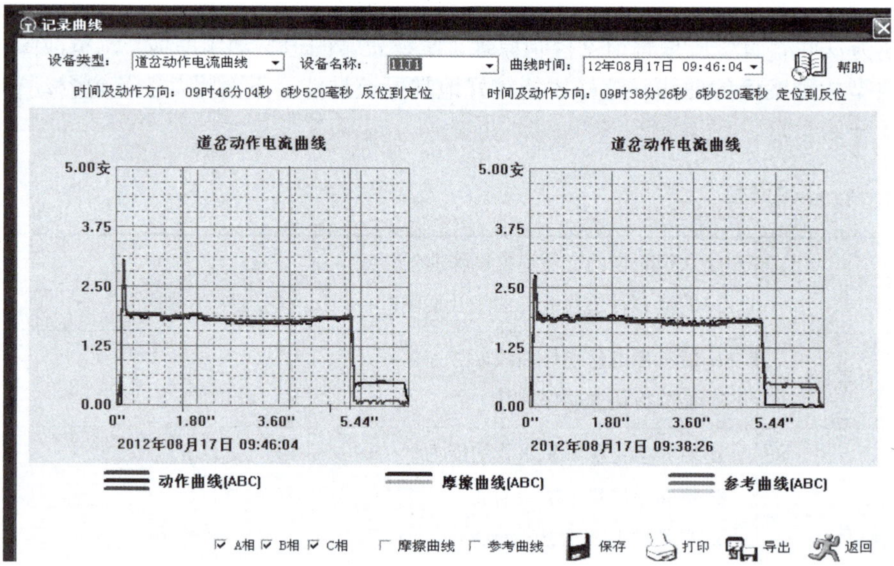

图 3−9　三相道岔动作电流标准曲线示意图

3.2.4　准备工作

1. 分组

表 3−3 为分组表。

表 3−3　分组表

班级		组号		组长	
组员	姓名	角色	姓名	角色	

2. 准备流程

3. 扫码看课

4. 回答引导问题

引导问题 1：浏览正常交流道岔动作曲线（见图 3－10）。

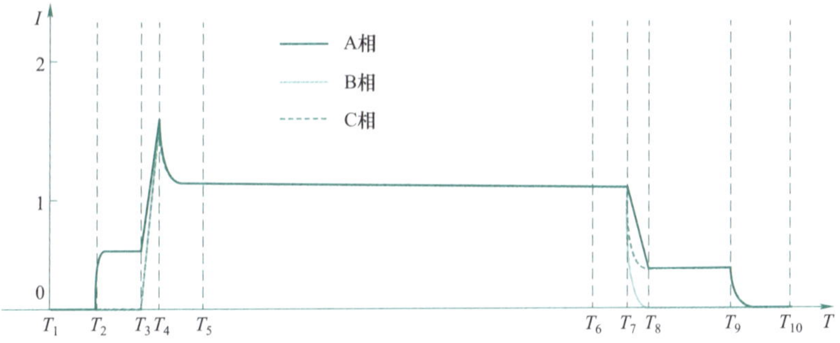

图 3－10　正常交流道岔动作曲线

1）曲线各段的含义

（1）T_1-T_2 为（　　　　）吸起，（　　　　）未吸起时间段形成的曲线，只有开关量，没有模拟量。如果提速道岔动作曲线开关量采集的是 1DQJF 的第四组落下接点，就没有 T_1-T_2 这段曲线。

（2）T_2-T_3 为（　　　　）吸起，（　　　　）吸起，2DQJ 未转极时的曲线。也就是启动电源加在表示电路形成的小台阶，时间很短。如果这段曲线时间长，表明 1DQJF 吸起后，2DQJ 转极慢，需要查找 2DQJ 转极慢的原因，因为这段时间长对整流匣中的二极管不利。

（3）T_3-T_4 为（　　　　）转极后，构通道岔启动电路，电机上电，形成一个电流峰值。

（4）T_4-T_5 为（　　　　　）曲线。先是转辙机内部解锁，然后外部解锁。

（5）T_5-T_6 为（　　　　　）时间。T_4-T_7 这段曲线，三相电流大小基本一样，如果出现曲线分离，电流最低的一相为该回路电阻值大，重点检查回路中接点接触不良问题。

（6）T_6-T_7 为（　　　　　）。

（7）T_7-T_8 为（　　　　　）断开启动电路、接通表示电路时间。

（8）T_8-T_9 为自动开闭器断开启动电路、接通（　　　　　），BHJ 落下，1DQJ 在缓放时（前接点没有断开），启动电源加在表示电路形成了电流约 0.5 A、时间少于 1 s 的小台阶曲线。通过这个小台阶可以判断表示电路是否形成。

（9）T_9-T_{10} 为 1DQJ 由前接点断开到后接点接通的时间，由于确定记录动作电流曲线的开关量使用的是 1DQJ 的半组落下接点（41－43），所以当 41 和 43 不接通时，仍然在记录曲线。

2）浏览学习典型故障案例

（1）S700K 不能解锁故障。图 3－11 为 S700K 不能解锁故障曲线示意图。

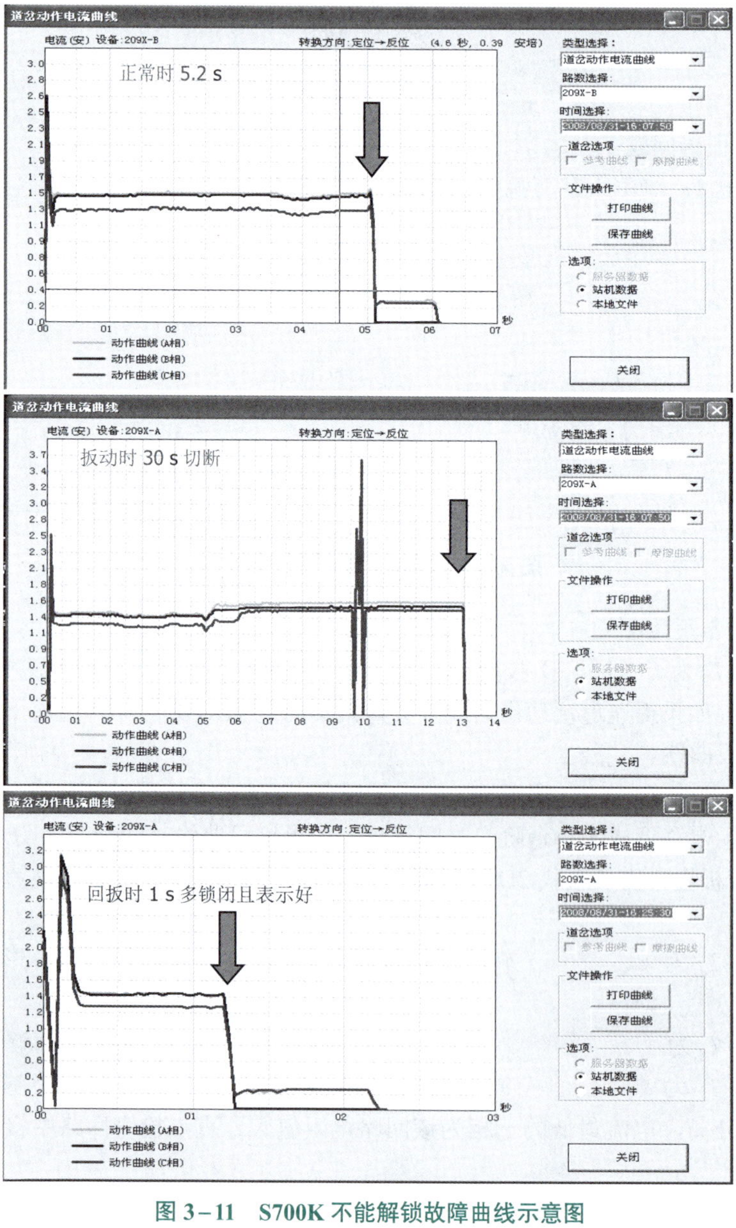

图 3－11　S700K 不能解锁故障曲线示意图

这是一例道岔扳不动无表示故障的曲线案例，30 s 切断，在判断故障时要看故障前的正常曲线和故障后回扳时的曲线来比较，回扳时 1 s 多锁闭并且表示出来。综合 3 次扳动曲线，判定该道岔故障是定位扳反位时——不解锁。

30 s 切断要看回扳，回扳 1 s 是不解锁。

（2）S700K 不能锁闭故障。图 3－12 为 S700K 不能锁闭故障曲线示意图。

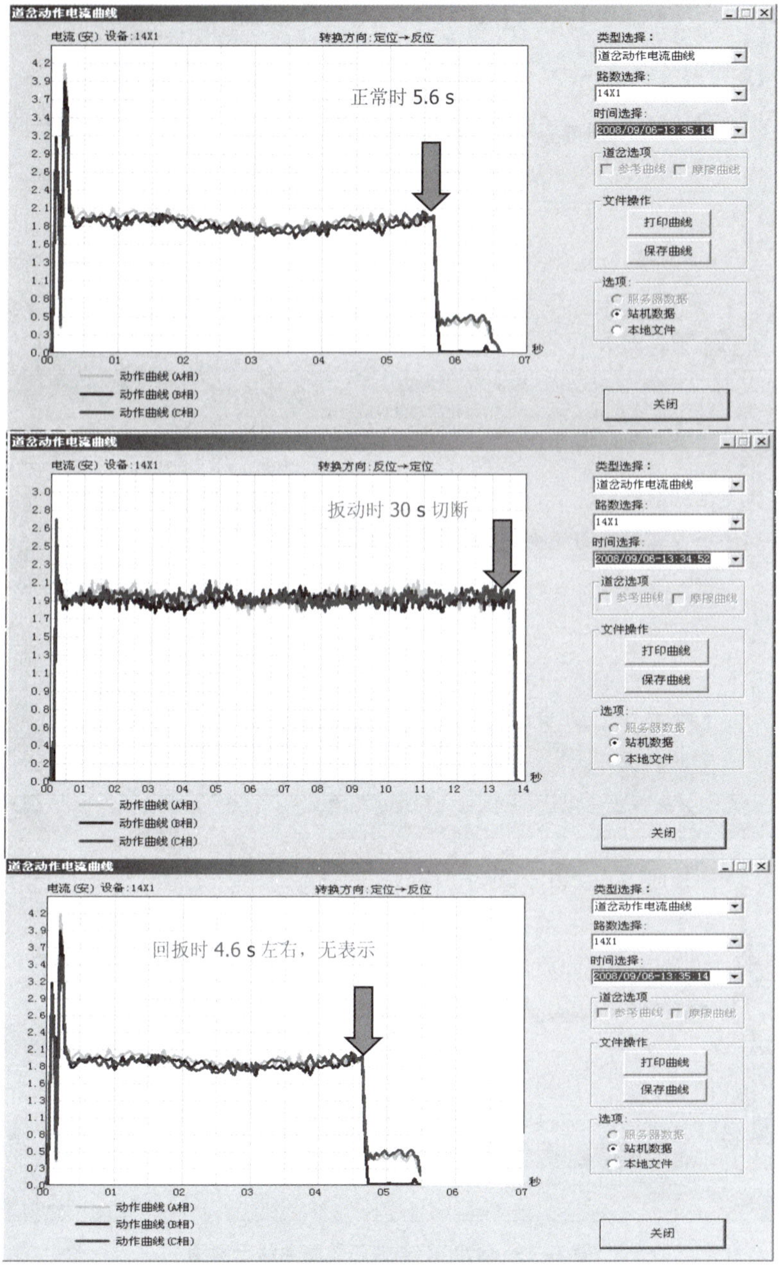

图 3－12　S700K 不能锁闭故障曲线示意图

这是一例道岔扳不动无表示故障的曲线案例，30 s 切断，在判断故障时要看故障前的正常曲线和故障后回扳时的曲线，回扳时比正常时少 1 s 左右（看有无夹异物及异物大小，异物越大回扳时间越短）。综合 3 次扳动曲线，判断该道岔故障是——不能锁闭。30 s 切断要看回扳，回扳 4 s 是不锁闭。

（3）S700K 卡缺口故障。图 3-13 为 S700K 卡缺口故障曲线示意图。

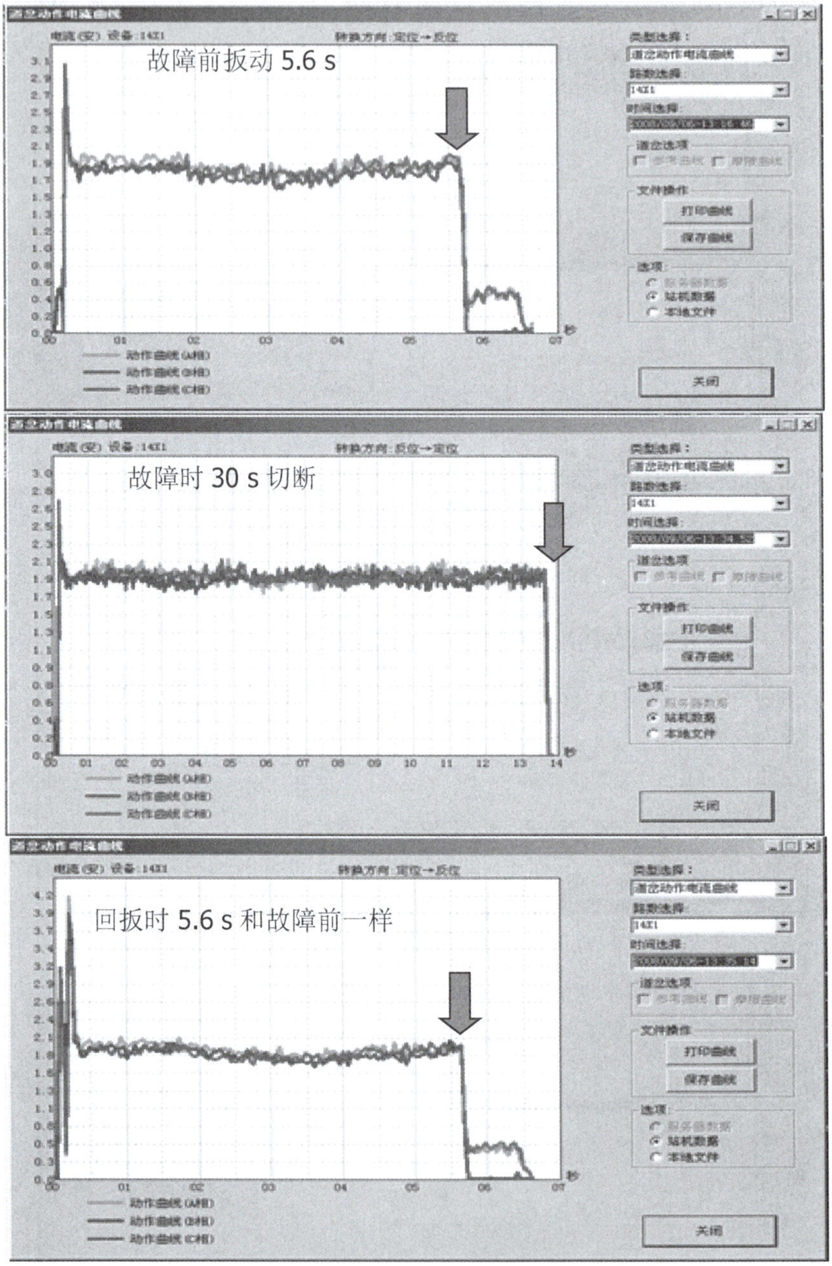

图 3-13　S700K 卡缺口故障曲线示意图

这是一例道岔无表示故障的曲线案例，30 s 切断，在判断故障时要看故障前的正常曲线和故障后回扳时的曲线，回扳时和正常时一样，（转换时间没变化）综合 3 次扳动曲线，判断该道岔故障是反位扳定位时——卡缺口。

30 s 切断要看回扳，回扳不变是卡缺口。

（4）S700K 密检器故障（或室外表示电路开路）。图 3-14 为室外表示电路开路曲线示意图。

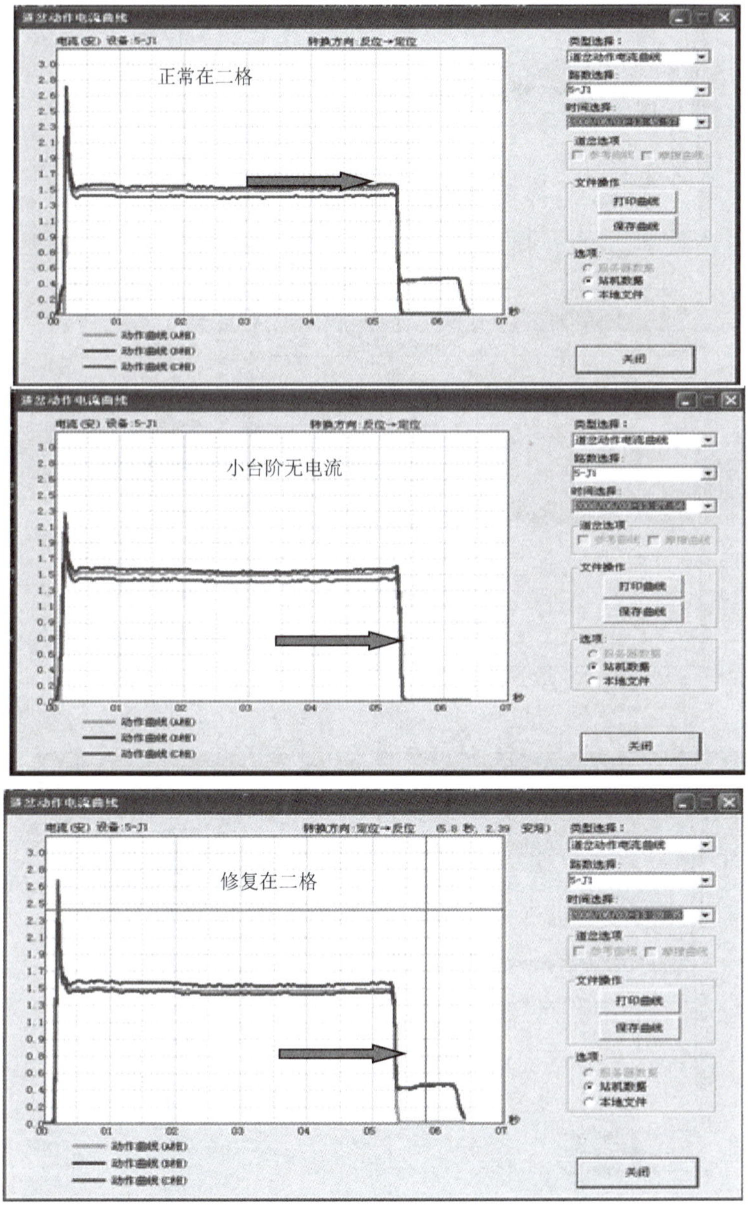

图 3-14　室外表示电路开路曲线示意图

这是一例道岔无表示故障的曲线案例，在判断故障时就看小台阶，小台阶无电流躺底（表明是室外表示电路开路）先查密检器是否卡缺口，再查 S700K 表示电路。判断该道岔故障是反位扳定位时表示电路开路造成无表示。

小台阶偏低到框底，室外去检查密检器。

（5）S700K TS－1 接点不良。图 3－15 为 S700K TS－1 接点不良故障曲线示意图。

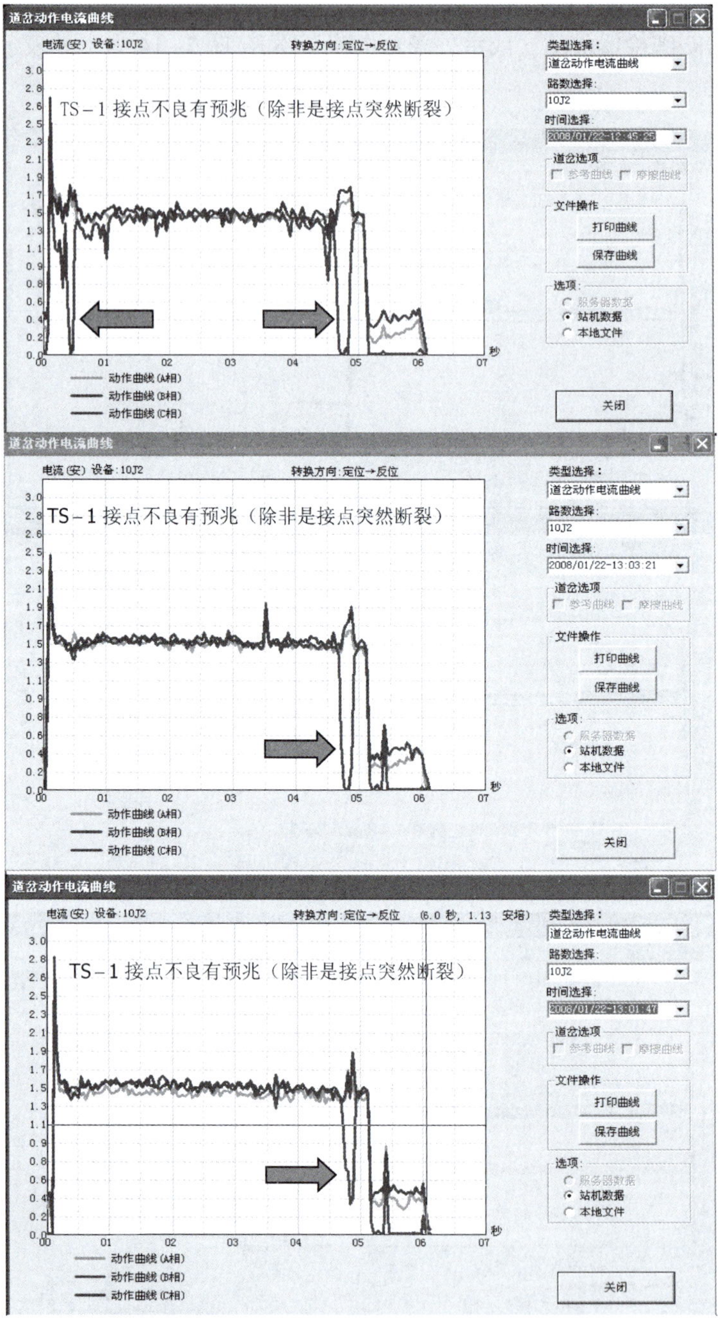

图 3－15　S700K TS－1 接点不良故障曲线示意图

这是一例道岔扳不动无表示故障的曲线案例，故障时 13 s 切断，在查找故障原因时要注意的是，TS－1 接点不良是有预兆的，像故障前的曲线显示 TS－1 接点不良，关键看道岔在最近的几次扳动中有无某相电流向下变化，最低到 0 A。平时浏览发现这样的情况，要马上对 TS－1 接点检查擦拭，必要时更换 TS－1 接点，任其发展下去就会扳不动。

没有某相电流向下变化最低到 0 A，不可能是 TS－1 接点不良。道岔故障另有原因。

（6）S700K 整流堆不良（一对二极管软击穿）。图 3－16 为 S700K 整流堆不良故障曲线示意图。

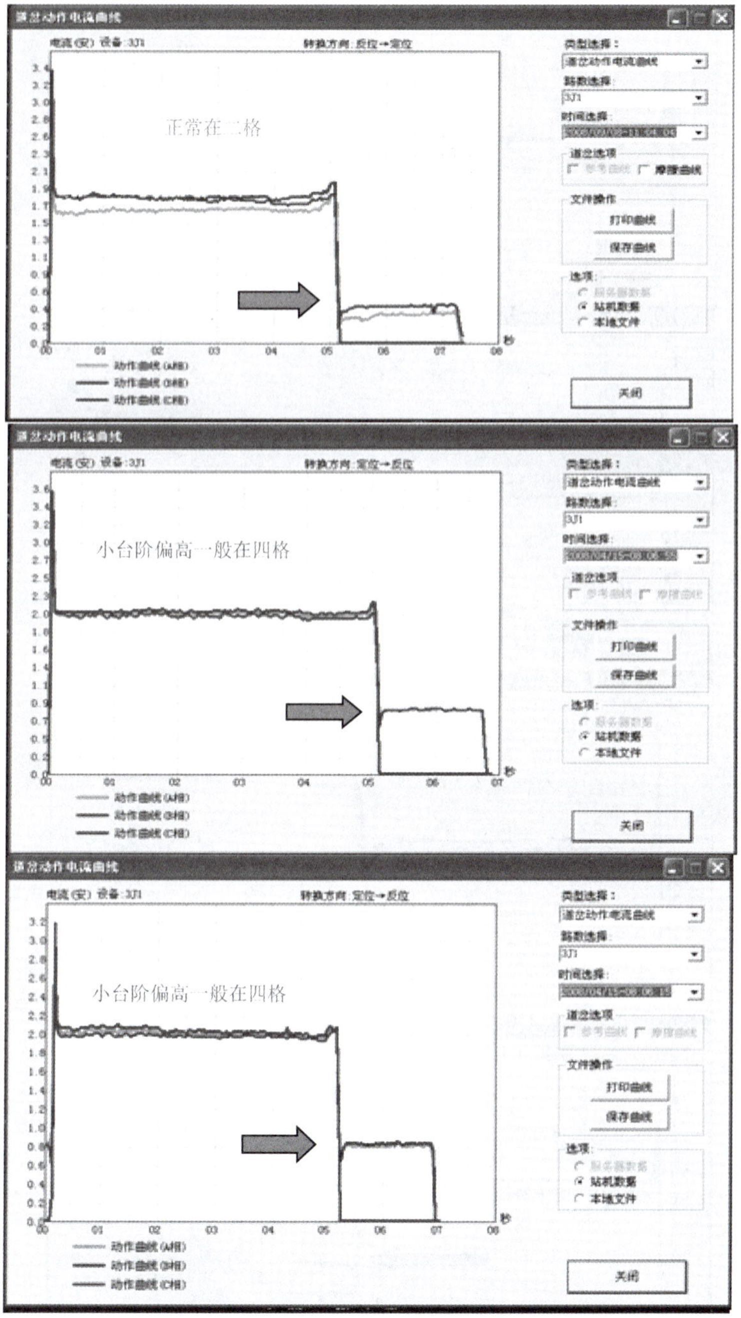

图 3－16　S700K 整流堆不良故障曲线示意图

这是一例道岔无表示故障的曲线案例，故障时无表示。小台阶偏高到 4 格，一定是整流堆不良（至少一对二极管软击穿），更换室外整流堆后恢复正常。

平时浏览发现小台阶偏高到 4 格，要马上去更换室外整流堆，一刻也不能耽搁。

（7）S700K 室外电阻短路。图 3－17 为 S700K 室外电阻短路故障曲线示意图。

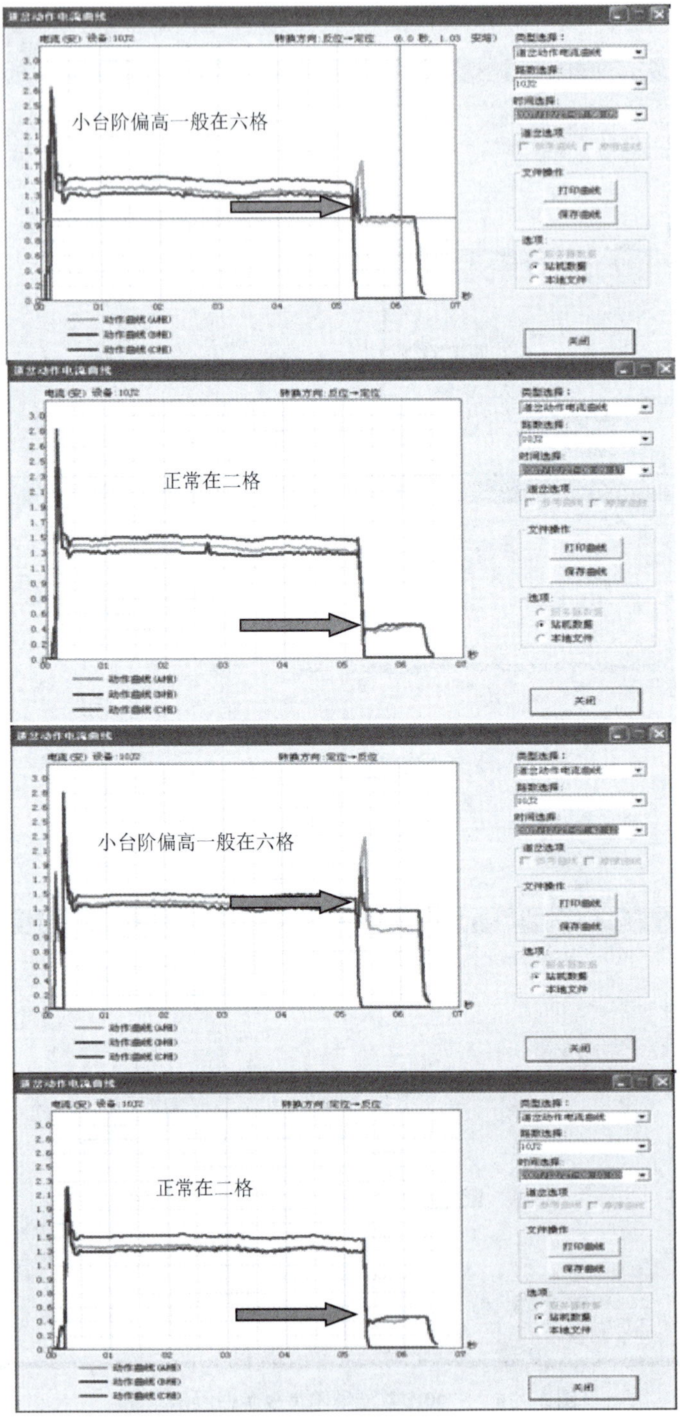

图 3－17　S700K 室外电阻短路故障曲线示意图

这是一例道岔室外电阻短路的曲线案例，小台阶偏高到 6 格，室外电阻短路不起作用，更换室外电阻后恢复正常。一般在工程开通后较多。

小台阶偏高到 6 格，室外去更换大电阻。

（8）S700K 室外电阻半开路。图 3-18 为 S700K 室外电阻半开路故障曲线示意图。

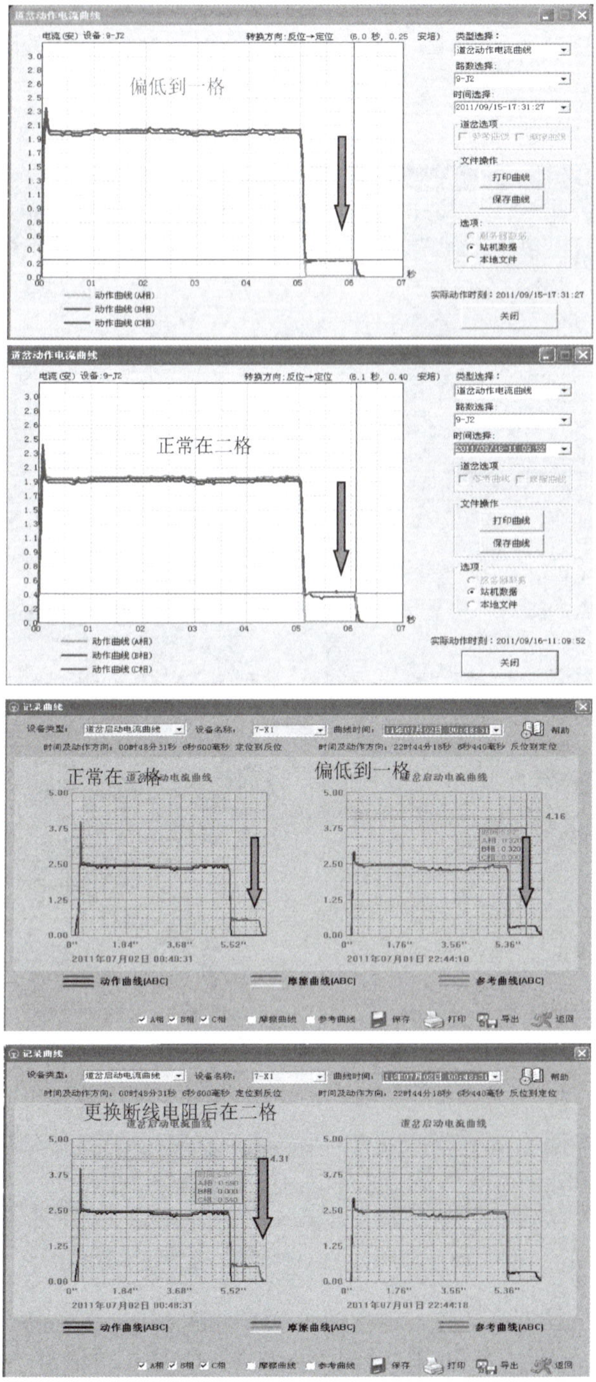

图 3-18　S700K 室外电阻半开路故障曲线示意图

这是一例道岔室外电阻半开路的曲线案例，小台阶偏低到 1 格，室外双电阻中一个电阻开路，更换室外开路电阻后恢复正常。

小台阶偏低到 1 格，室外去检查双电阻。

S700K 室外表示电路限流电阻目前大多数采用 2 个 600 Ω/40 W 并联使用，一个电阻断线，小台阶低一半，在 1 格左右，发现后要立即去检查室外电阻。

（9）S700K－1DQJ 不吸故障。图 3－19 为 S700K－1DQJ 不吸故障曲线示意图。

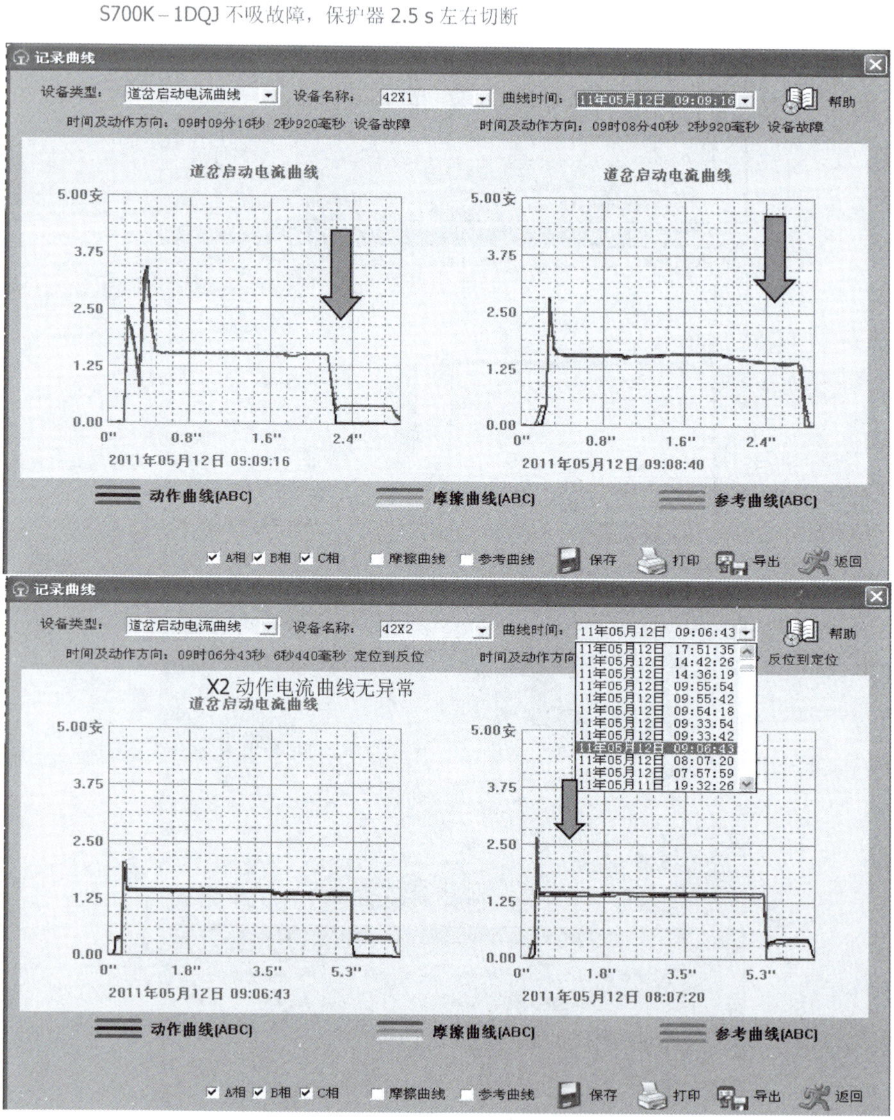

图 3－19　S700K－1DQJ 不吸故障曲线示意图

S700K 道岔 1DQJ 不吸故障，道岔动作电流切断时间为 2.5 s 左右。查找时注意分析检查 1DQJ 不吸起的原因：可能是本机 1DQJ 本身故障，可能是 2DQJ 接点不良，也可能是上机 1DQJ 接点不良。

定反扳动时间相同，故障位置无台阶。

3.2.5　工作实施

1. 工作流程

扫描 3.2.4 节中的二维码浏览故障案例—学习曲线分析方法—小组讨论—考核。

2. 工作实施

① 确定小组任务，按照教师要求，在小组内进行讨论。

② 举例进行讲解，确定最终完成的目标。

③ 学习故障案例曲线，进行曲线分析练习。

④ 利用实训室设备，设置常见的典型故障案例，对其曲线进行分析并录制讲解视频。

3. 检验完成情况

① 采用抢答的方式，各小组对教师提出的问题进行抢答，了解学生对曲线分析的掌握情况。

② 采用随机提问的方式，对小组内各成员掌握情况进行检验。

③ 对学生录制好的动作曲线讲解视频进行检验。

3.2.6　评价反馈

1. 评价流程

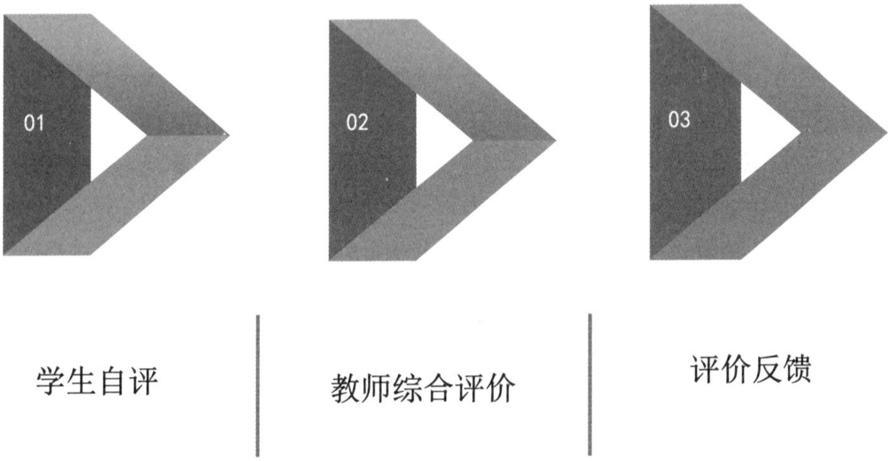

2. 评价表

表 3－4 为任务评价表。

① 学生自评，并将结果填入学生自评栏中。

② 教师对学生工作过程与工作结果进行评价，并将评价结果填入教师综合评价栏中。

表 3–4　任务评价表

<table>
<tr><td colspan="3">项目 3　分析信号集中监测曲线</td><td colspan="3">任务 3.2　分析交流道岔动作曲线</td></tr>
<tr><td colspan="6">班级：　　　　姓名：　　　　学号：</td></tr>
<tr><td colspan="6">一、学生自评</td></tr>
<tr><td>序号</td><td>项目评价</td><td colspan="2">评价标准</td><td>分值</td><td>得分</td></tr>
<tr><td>1</td><td>交流道岔正常动作曲线的分析</td><td colspan="2">能正确分析交流道岔的正常动作曲线</td><td>20</td><td></td></tr>
<tr><td>2</td><td>采集原理</td><td colspan="2">能正确说出交流道岔采集原理内容</td><td>20</td><td></td></tr>
<tr><td>3</td><td>采集位置</td><td colspan="2">能正确说出交流道岔采集的位置</td><td>20</td><td></td></tr>
<tr><td>4</td><td>故障案例曲线分析</td><td colspan="2">能正确分析图纸原理</td><td>20</td><td></td></tr>
<tr><td>5</td><td>工作质量</td><td colspan="2">能按计划完成任务</td><td>10</td><td></td></tr>
<tr><td>6</td><td>协调能力</td><td colspan="2">与小组成员之间能合作交流，协调工作</td><td>10</td><td></td></tr>
<tr><td colspan="6">二、教师综合评价</td></tr>
<tr><td colspan="6">班级：　　　　姓名：　　　　学号：</td></tr>
<tr><td></td><td>项目评价</td><td colspan="2">评价标准</td><td>分值</td><td>得分</td></tr>
<tr><td colspan="2">考勤（10%）</td><td colspan="2">未出现无故迟到、早退、旷课现象</td><td>10</td><td></td></tr>
<tr><td rowspan="8">工作过程（90%）</td><td>交流道岔正常动作曲线的分析</td><td colspan="2">能正确分析交流道岔的正常动作曲线</td><td>10</td><td></td></tr>
<tr><td>采集原理</td><td colspan="2">能正确说出交流道岔采集原理内容</td><td>10</td><td></td></tr>
<tr><td>采集位置</td><td colspan="2">能正确说出交流道岔采集的位置</td><td>10</td><td></td></tr>
<tr><td>故障案例曲线分析</td><td colspan="2">能正确分析图纸原理</td><td>20</td><td></td></tr>
<tr><td>工作态度</td><td colspan="2">态度端正，工作认真，对不会的问题能主动提问</td><td>5</td><td></td></tr>
<tr><td>工作规范</td><td colspan="2">能按规范要求完成任务</td><td>5</td><td></td></tr>
<tr><td>成果展示</td><td colspan="2">能准确表达、汇报工作成果</td><td>30</td><td></td></tr>
<tr><td rowspan="2">综合评价</td><td colspan="2">自评（40%）</td><td>教师评价（60%）</td><td colspan="2">综合得分</td></tr>
<tr><td colspan="2"></td><td></td><td colspan="2"></td></tr>
</table>

课后作业

1. 分析交流转辙机动作曲线（见图 3-20），并指出故障范围。

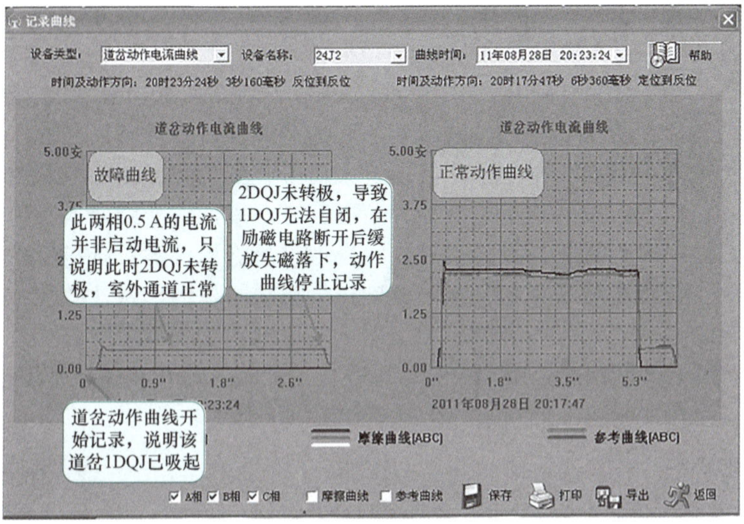

图 3-20　交流转辙机动作曲线

扫码看答案

2. 分析交流转辙机动作曲线（见图 3-21），并指出故障范围。

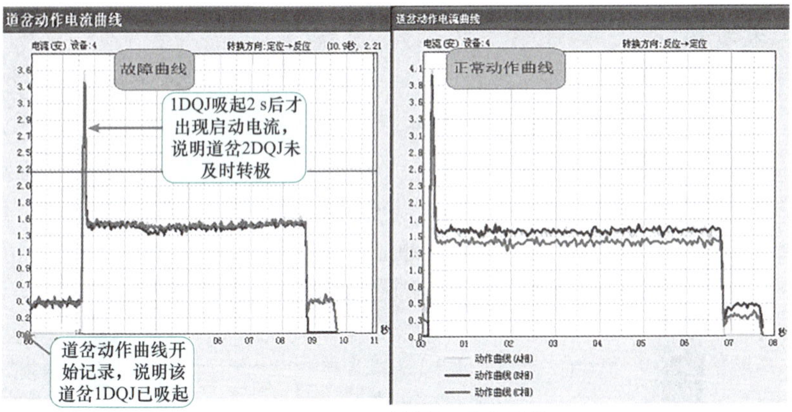

图 3-21　交流转辙机动作曲线

扫码看答案

任务 3.3　分析轨道电路电压曲线

3.3.1　任务导入

轨道电路是保证行车安全的重要设备，它的曲线分析是现场信号监测人员重要的工作内容。小王是现场电子车间主任，通过采访了解到，掌握轨道电路曲线分析的方法是现场信号监测人员的一项基本技能。掌握其方法后，信号维修人员能够通过轨道电路电压的曲线，分析设备运行情况，及时发现设备隐患，对设备进行检修，以及当发生故障时利用轨道电压曲线划分故障范围，分析故障原因，快速处理故障。怎样才能掌握其分析方法呢？首先应理解轨道电路工作原理，掌握调整状态和分路状态的正常电压曲线，浏览故障曲线，学习典型故障案例的曲线，这样才能较好地掌握该技能。下面将从轨道电路正确电压曲线的分析开始学习。

3.3.2　任务目标

学习目标	1. 认识正常的轨道电路电压曲线 2. 阅读各种轨道电路电压曲线及案例分析
能力目标	1. 能看懂轨道电路电压曲线 2. 能分析轨道电路电压曲线
素质目标	1. 培养学生认识新事物的能力 2. 培养学生自主学习的能力 3. 培养学生独立思考的能力 4. 培养学生团队合作的精神 5. 培养学生精益求精的精神

3.3.3　任务分析

本次任务包含：2 个知识点（标准轨道电路监测曲线的分析和故障曲线产生的原因）。

1. 25 Hz 相敏轨道电路正常电压曲线

25 Hz 相敏轨道电路调整状态下轨道电路电压一般为 18～24 V，相位角标准为 90°±8°。图 3-22 为 25 Hz 相敏轨道电路的正常电压曲线，调整状态下电压平滑，工作电压在 20 V，在 1:01:40—1:03:20 的时间内有列车通过占用该区段，残压符合标准（几乎为 0 V）。

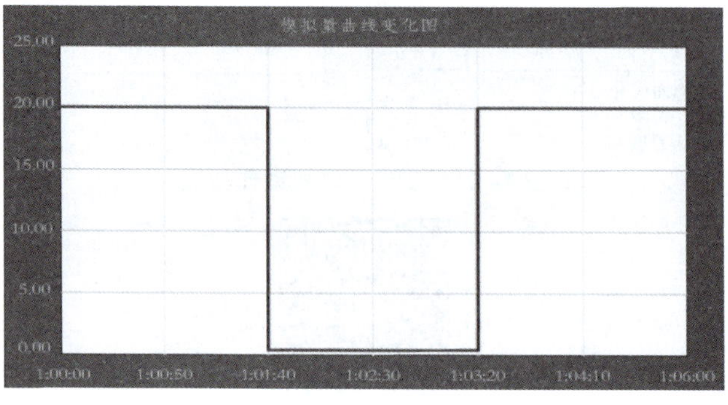

图 3-22　25 Hz 相敏轨道电路的正常电压曲线

2. 25 Hz 相敏轨道电路曲线案例

（1）分路不良曲线（见图 3–23）。当轨道区段有车占用时，轨道电压出现不同幅度的不正常的波动，有时会突破分路上限，造成分路高或调整低报警。多见于雨后或长期不走车的轨道电路区段。

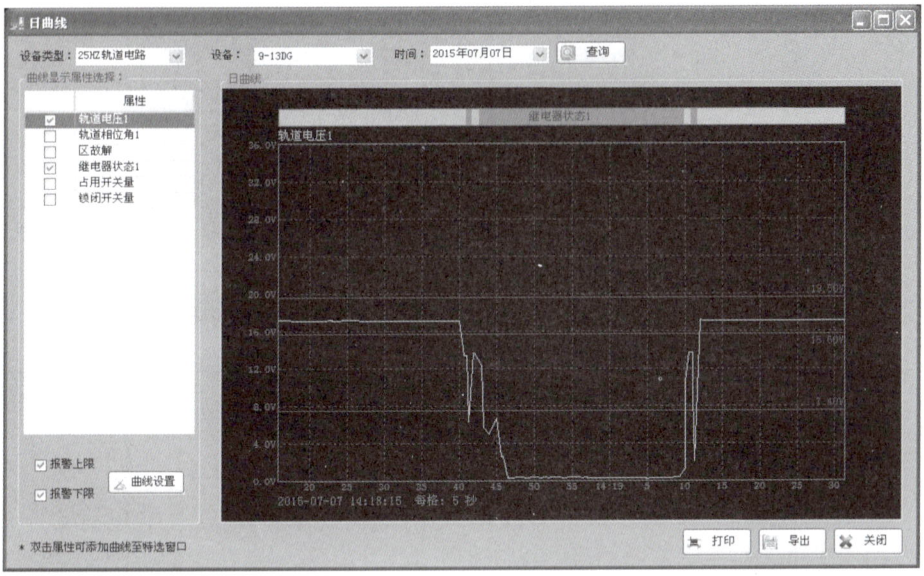

图 3–23　分路不良曲线

（2）电压缓缓下降曲线（见图 3–24），多为下雨漏泄（股道、长区段）。

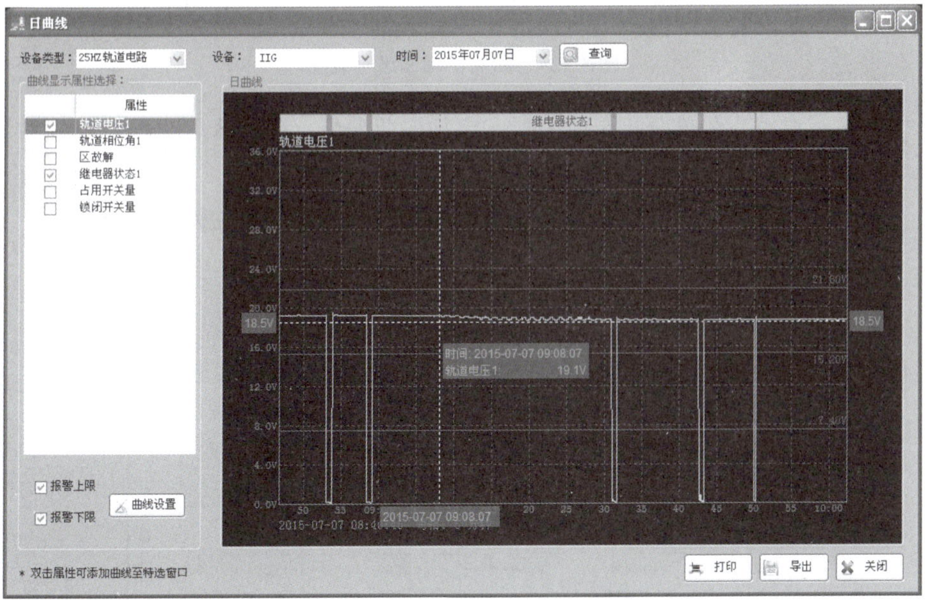

图 3–24　电压缓缓下降曲线示意图

（3）回流不畅曲线（见图 3－25），为牵引电流干扰造成的轨道电压曲线。

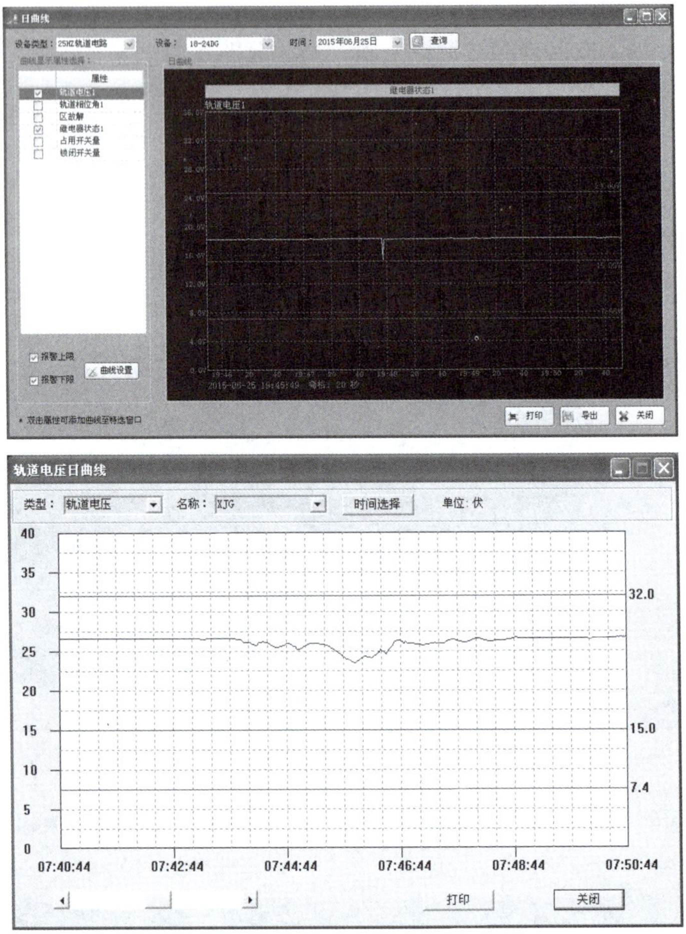

图 3－25　回流不畅曲线示意图

（4）轨道电路室外部分极易受干扰，包括作业人员、列车掉落铁器（见图 3－26）可能造成短路等。

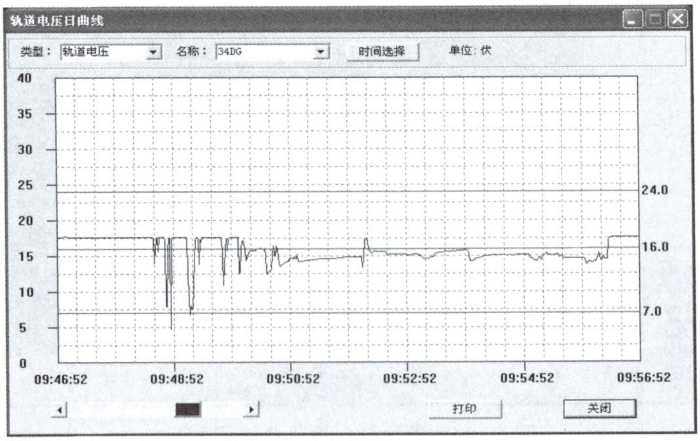

图 3－26　列车掉落铁器曲线示意图

（5）接续线、连接线、跳线塞钉等接触不良引起的轨道电压曲线（电压波动，相位角无变化，一般为接触不良），如图 3-27 所示。

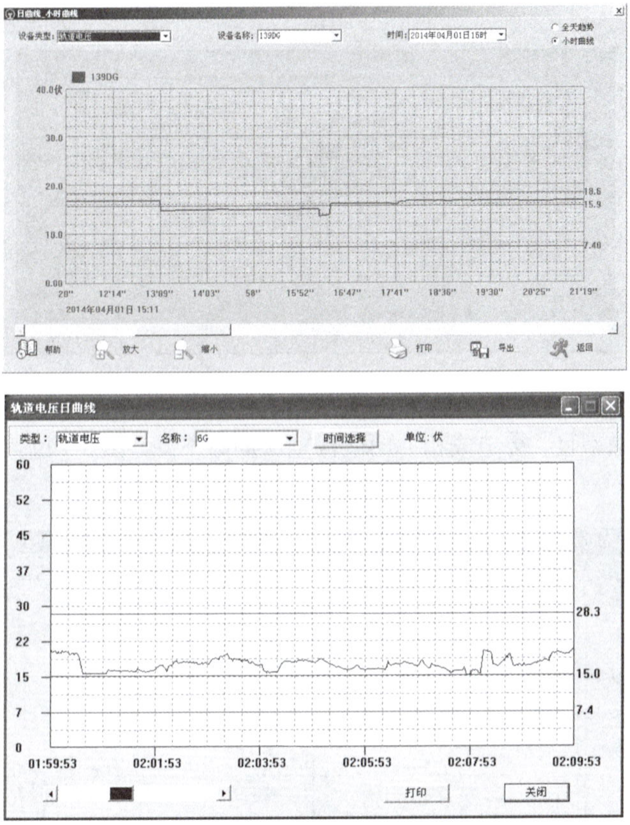

图 3-27　连接线接触不良曲线示意图

（6）外因造成瞬间短路，轨道电路电压瞬间下降。此类曲线，故障前后轨道电路电压很稳定，故障时电压瞬间波动，相邻区段轨道电路电压无变化。图 3-28 为瞬间短路曲线示意图。

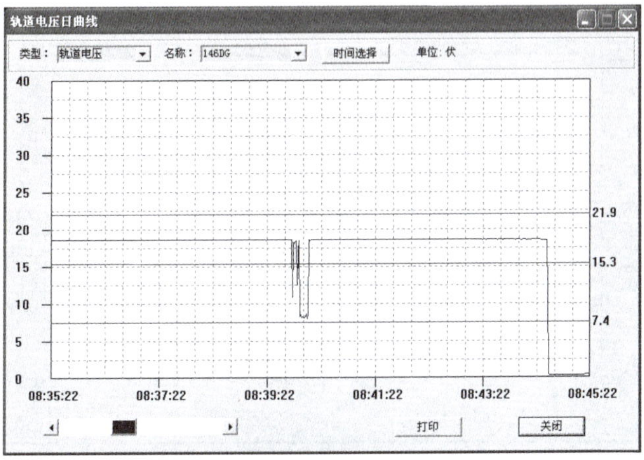

图 3-28　瞬间短路曲线示意图

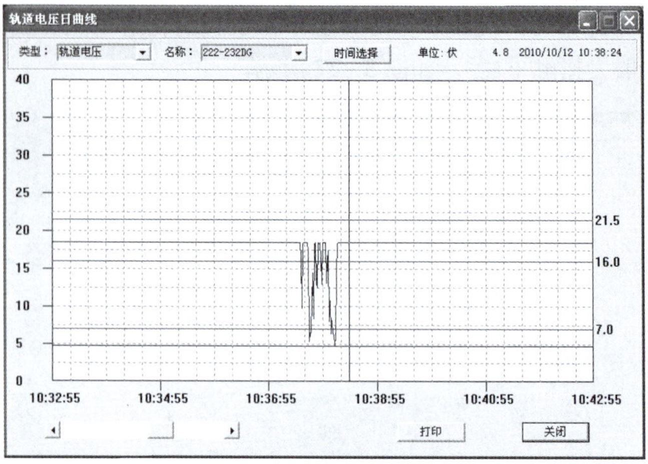

图 3－28 瞬间短路曲线示意图（续）

（7）岔前绝缘不良，会造成相邻两区段电压同时下降，图 3－29 为绝缘不良曲线示意图。

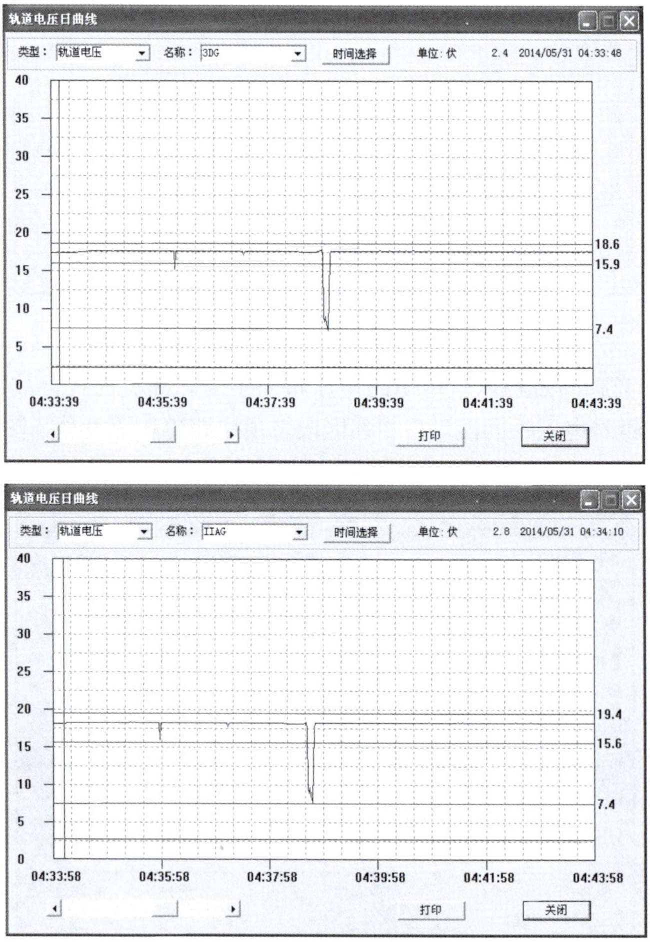

图 3－29 绝缘不良曲线示意图

3.3.4　准备工作

1. 分组

表 3－5 为分组表。

表 3－5　分组表

<table>
<tr><td>班级</td><td></td><td>组号</td><td></td><td>组长</td><td></td></tr>
<tr><td rowspan="4">组员</td><td>姓名</td><td>角色</td><td>姓名</td><td colspan="2">角色</td></tr>
<tr><td></td><td></td><td></td><td colspan="2"></td></tr>
<tr><td></td><td></td><td></td><td colspan="2"></td></tr>
<tr><td></td><td></td><td></td><td colspan="2"></td></tr>
</table>

2. 准备流程

3. 扫码看课

4. 回答引导问题

（1）浏览 25 Hz 轨道电路正常监测曲线（见图 3－30）。

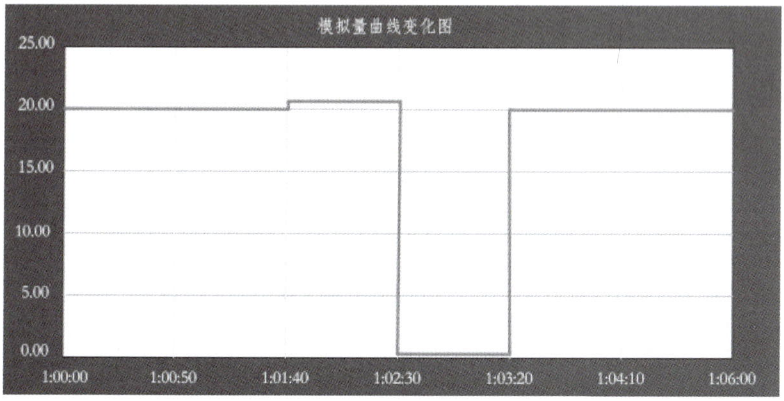

图 3－30　25 Hz 轨道电路正常监测曲线

通过浏览 25 Hz 轨道电路的正常曲线，平时其工作电压在（　　）V，在 1:02:30—1:03:20 的时间内有列车通过占用该区段。这个曲线的特点是轨道在调整状态时电压平滑，有车占用时残压符合标准（几乎为 0 V），说明该轨道电路分路状态良好。

（2）浏览预叠加电码化轨道电路正常曲线（见图 3－31）。

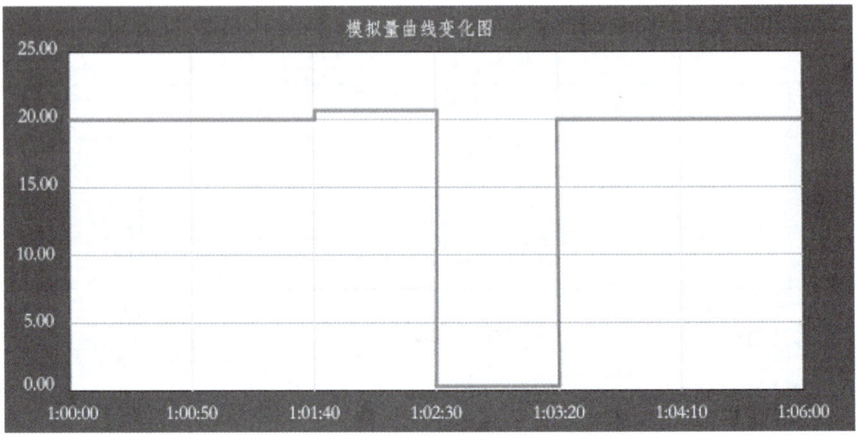

图 3－31　预叠加电码化轨道电路正常曲线

当列车占用前一区段时，该区段处于预发码状态，受 2 000 Hz 的发码信号影响，这时一般会造成轨道电路的监测曲线电压比正常时略有（　　），如图 3－31 所示，在 1:01:40—1:02:30 s 时间段内，但是实际上 25 Hz 的轨道电压是不变的，所以，在现场工作时遇到这种情况可以理解为正常现象。

3.3.5　工作实施

1. 工作流程

扫描 3.3.4 节中的二维码浏览故障案例—学习曲线分析方法—小组讨论—考核。

2. 工作实施

① 确定小组任务，按照教师要求，在小组内进行讨论。

② 举例进行讲解，确定最终完成的目标。

③ 根据故障案例曲线，进行曲线分析练习。

④ 利用实训室设备，设置常见的典型故障案例，对其曲线进行分析并录制讲解视频。

3. 检验完成情况

① 采用抢答的方式，各小组对教师提出的问题进行抢答，了解学生对曲线分析的掌握情况。

② 采用随机提问的方式，对小组内各成员掌握情况进行检验。

③ 对学生录制好的动作曲线讲解视频进行检验。

3.3.6　评价反馈

1. 评价流程

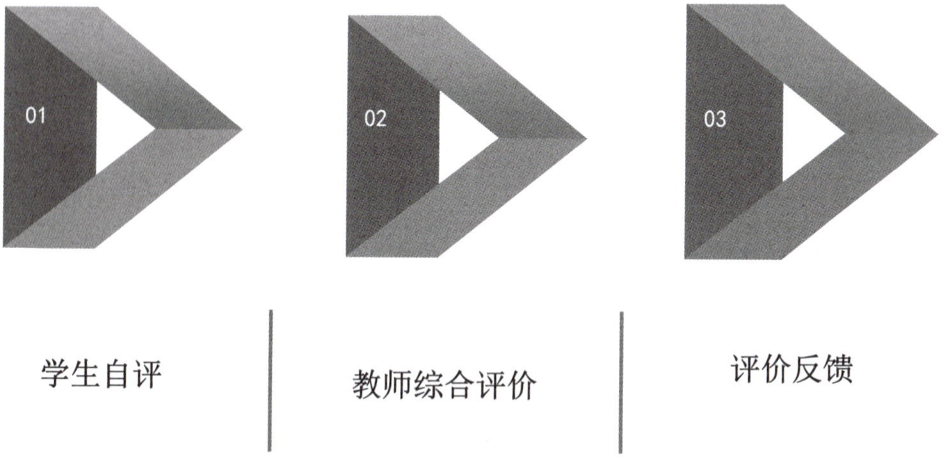

2. 评价表

表 3–6 为任务评价表。

① 学生自评，并将结果填入学生自评栏中。

② 教师对学生工作过程与工作结果进行评价，并将评价结果填入教师综合评价栏中。

表 3–6　任务评价表

项目 3　分析信号集中监测曲线			任务 3.3　分析轨道电路电压曲线	
班级：		姓名：	学号：	
一、学生自评				
序号	项目评价	评价标准	分值	得分
1	轨道电路正常电压曲线的分析	能正确分析轨道电路正常电压曲线	20	
2	采集原理	能正确说出采集原理内容	20	
3	采集位置	能正确说出采集的位置	20	
4	故障案例曲线分析	能正确分析图纸原理	20	
5	工作质量	能按计划完成任务	10	
6	协调能力	与小组成员之间能合作交流，协调工作	10	

续表

二、教师综合评价				
班级：		姓名：	学号：	
	项目评价	评价标准	分值	得分
考勤（10%）		未出现无故迟到、早退、旷课现象	10	
工作过程（90%）	轨道电路正常电压曲线的分析	能正确分析轨道电路正常电压曲线	10	
	采集原理	能正确说出采集原理内容	10	
	采集位置	能正确说出采集的位置	10	
	故障案例曲线分析	能正确分析图纸原理	20	
	工作态度	态度端正，工作认真，对不会的问题能主动提问	5	
	工作规范	能按规范要求完成任务	5	
	成果展示	能准确表达、汇报工作成果	30	
综合评价	自评（40%）	教师评价（60%）	综合得分	

课后作业

1. 分析轨道电路监测曲线（见图 3-32），并指出故障原因。

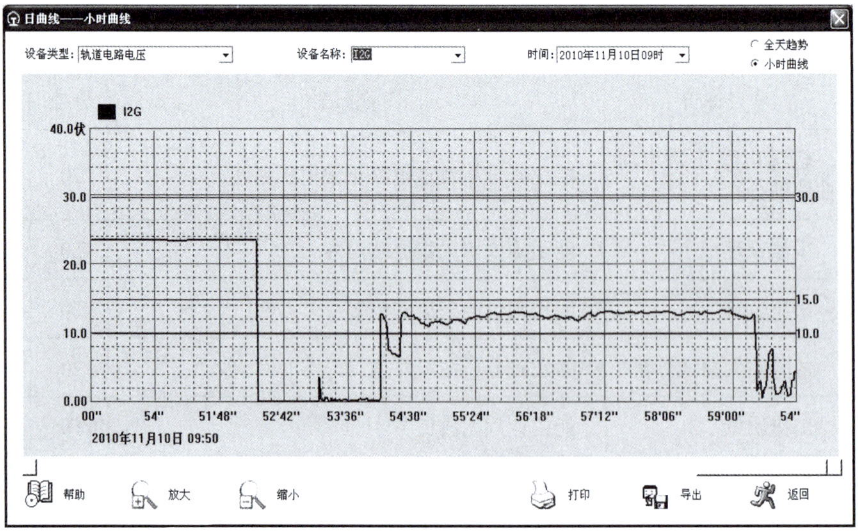

图 3-32　轨道电路监测曲线

扫码看答案

2. 分析轨道电路监测曲线（见图 3–33），并指出故障原因。

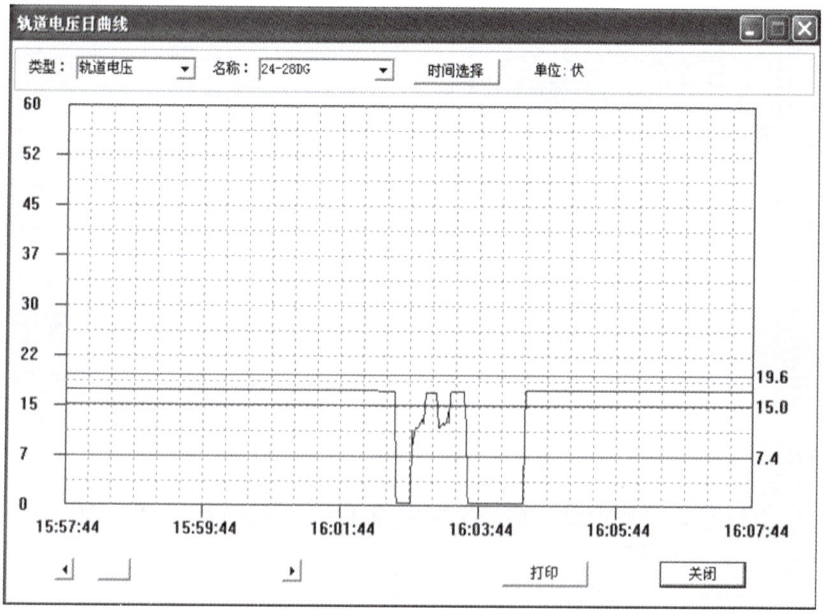

图 3–33　轨道电路监测曲线

扫码看答案

任务 3.4　分析移频轨道电路电压曲线

3.4.1　任务导入

移频轨道电路是保证行车安全的重要信号设备，它的曲线分析是现场信号监测人员重要的工作内容。小王是现场电子车间主任，通过采访了解到，掌握移频轨道电路曲线分析的方法是现场信号监测人员的一项基本技能。掌握其方法后，信号维修人员能够通过移频轨道电路电压的曲线，分析设备运行情况，及时发现设备隐患，对设备进行检修，以及当发生故障时利用轨道曲线划分故障范围，分析故障原因，快速处理故障。怎样才能掌握其分析方法呢？首先应理解移频轨道电路工作原理，掌握调整状态和分路状态的正常电压曲线，浏览故障曲线，学习典型故障案例的曲线，这样才能较好地掌握该技能。下面将从移频轨道电路正常监测曲线的分析开始学习。

3.4.2 任务目标

学习目标	1. 认识正常的移频轨道电路监测曲线 2. 阅读各种移频轨道电路监测曲线及案例
能力目标	1. 能看懂移频轨道监测曲线 2. 能分析移频轨道监测曲线
素质目标	1. 培养学生认识新事物的能力 2. 培养学生自主学习的能力 3. 培养学生独立思考的能力 4. 培养学生团队合作的精神 5. 培养学生精益求精的精神

3.4.3 任务分析

本次任务包含 2 个知识点：移频轨道电路正常监测曲线的分析；故障曲线产生的原因。

移频轨道电路正常监测曲线

1）功出电压正常曲线

ZPW－2000 轨道电路发送电压数值直接采集发送器功出电压。而在轨道电路调整完毕开通使用后，各发送器发送电平调整线已固定不再改变，因此，功出电压也应稳定不变，如图 3－34 所示。

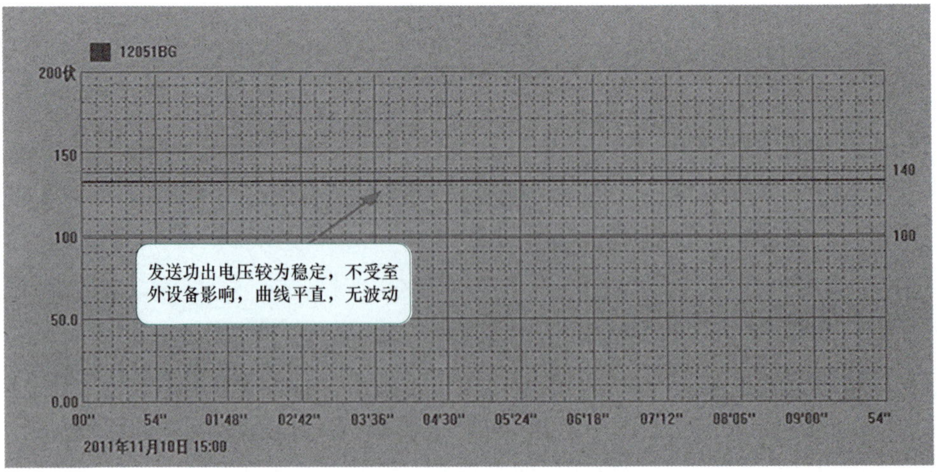

图 3－34 功出电压正常曲线

2）电缆侧发送电压曲线

电缆侧发送电压为发送器功出电压经室内模拟电缆后，从其“电缆侧”输出送至分线盘的电压，即发送端室内外的分界点。在设备发生异常时，可通过此电压数据来判断问题范围。

曲线剖析：由于经过模拟电缆后的压降，电缆侧发送电压应较其发送电压低。如图 3-35 所示，在轨道电路空闲时，其电缆侧发送电压曲线平直无波动；在有车占用该区段时，随着列车从受端运行至送端，整个轨道电路的阻抗也随之变化，因此，电缆侧发送电压会出现小幅波动。

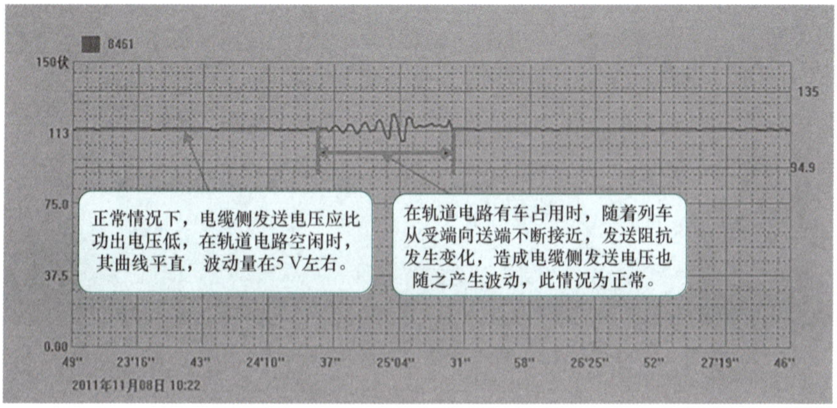

图 3-35　电缆侧发送电压曲线

3）电缆侧接收电压曲线

电缆侧接收电压为室外接收端送回至室内模拟电缆盘“电缆侧”的电压，即接收端室内外的分界点，也是设备出现异常时区分室内外的一个重要数据。

曲线剖析：如图 3-36 所示，电缆侧接收电压数值应符合调整表中要求；轨道电路在调整状态下，其电压平稳无波动；在分路状态下，由于车辆轮对短路，接收电压将降至 0 V 左右（数值取决于分路情况，其电压值需保证主轨出电压符合残压标准）。

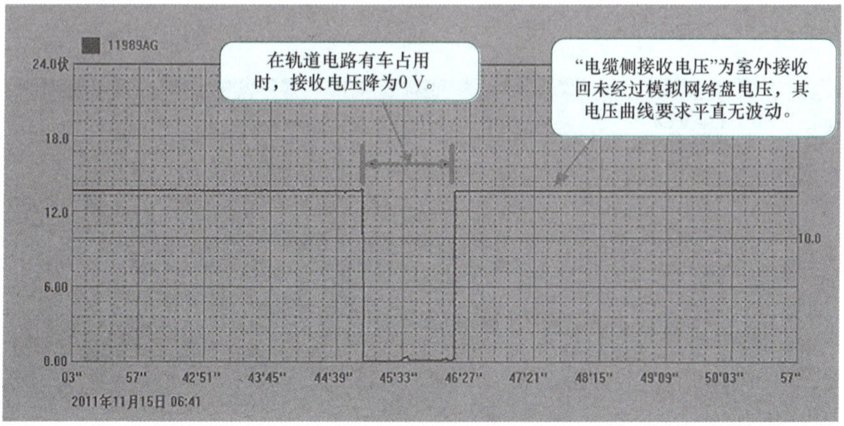

图 3-36　电缆侧接收电压曲线

4）主轨出接收电压曲线

主轨出接收电压为轨道电路接收电压经模拟电缆、衰耗盒等调整后最终送至接收器的电压，它的数值直接决定了 GJ 能否被正常吸起，是在对 ZPW－2000 轨道电路分析时的一个最重要的参数。主轨出接收电压受季节、天气等因素影响较大。同一区段，冬天与夏天、晴天与雨天、中午与夜间，其电压都可能有明显不同。因此，对主轨出接收电压的分析要掌握以下两点：一是其数值必须在调整表范围内；二是在调整状态下其电压应平滑，无突升或突降。图 3－37 为主轨出接收电压曲线。

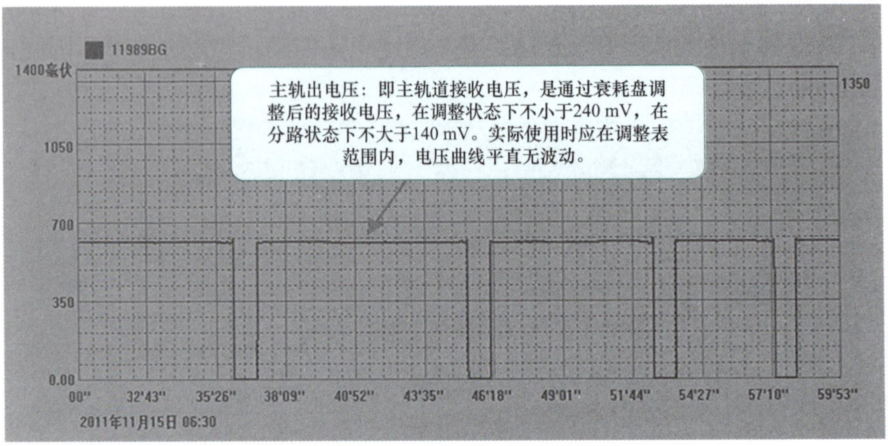

图 3－37　主轨出接收电压曲线

5）小轨出接收电压曲线

ZPW－2000 轨道电路小轨出电压的调整一般有 3 个标准：（110±10）mV、（135±10）mV、（155±10）mV。其调整标准，根据现场设计情况确定。在轨道电路状态稳定时，测试“轨入”上小轨道电压，查找相应调整表，在衰耗盘后调整相应端子，其“小轨出”电压便会符合规定范围要求。

如图 3－38 所示，小轨出电压在区段空闲时较稳定，在调整范围内有小幅波动；有车占用该区段主轨道时，小轨出电压会随列车运行而出现振荡波动；当列车占用小轨道区段时，小轨出电压将降至 0 mV 左右。

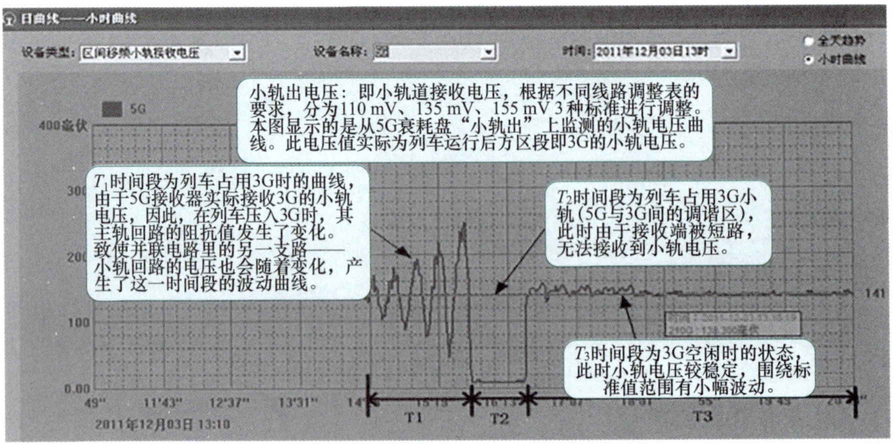

图 3－38　小轨出接收电压曲线

在小轨参与联锁的线路，小轨出电压过高（高于 350 mV）或过低（低于 63 mV），均会导致该区段 GJ 无法吸起，因此，对小轨出接收电压的分析相当重要。

小轨出电压在轨道电路调整状态下一般较稳定，不易受季节及天气的影响，因此，即使在小轨不参与联锁的线路上，小轨出电压也能给分析人员判断问题性质、缩小问题范围提供帮助。

区间轨道电路监测的项目很多，每日常规分析时要做到每项逐一分析难度较大。事实上，日常分析中只要做好对发送功出电压曲线、主轨出电压曲线、小轨出电压曲线的分析，多数设备异常都能得到及时发现。在分析时确定设备状态异常后，可再调取其他采集点的电压、电流或频率信息进行判断分析，缩小问题范围。

例如，在主轨出电压出现异常时，可查看“电缆侧发送电压”“电缆侧接收电压”“轨入电压”等，进行分段区分，以缩小查找范围。如果“电缆侧发送电压”也出现异常，说明问题在室内发送段；如果“电缆侧发送电压”正常，说明室内发送端正常，“电缆侧接收电压”正常，说明室外送回的电压也正常，则问题在室内接收段；如果“电缆侧发送电压”正常，但“电缆侧接收电压”与主轨出电压同时出现异常，则说明问题在室外。

由于在日常运用中，“电缆侧发送电压”正常，而“电缆侧接收电压”同步变化（问题范围在室外部分）的现象较多，因此，在原因分析时均按室外原因进行剖析。

3.4.4 准备工作

1. 分组

表 3-7 为分组表。

表 3-7 分组表

<table>
<tr><td>班级</td><td></td><td>组号</td><td></td><td>组长</td><td></td></tr>
<tr><td rowspan="4">组员</td><td>姓名</td><td>角色</td><td>姓名</td><td colspan="2">角色</td></tr>
<tr><td></td><td></td><td></td><td colspan="2"></td></tr>
<tr><td></td><td></td><td></td><td colspan="2"></td></tr>
<tr><td></td><td></td><td></td><td colspan="2"></td></tr>
</table>

2. 准备流程

3. 扫码看课

4. 回答引导问题

移频轨道电路监测哪些信息？

3.4.5 工作实施

1. 工作流程

扫描 3.4.4 节中的二维码浏览故障案例—学习曲线分析方法—小组讨论—考核。

2. 工作实施

① 确定小组任务，按照教师要求，在小组内进行讨论。

② 举例进行讲解，确定最终完成的目标。

③ 根据故障案例曲线，进行曲线分析练习。

④ 利用实训室设备，设置常见的典型故障案例，对其曲线进行分析并录制讲解视频。

3. 检验完成情况

① 采用抢答的方式，各小组对教师提出的问题进行抢答，了解学生对曲线分析的掌握情况。

② 采用随机提问的方式，对小组内各成员掌握情况进行检验。

③ 对学生录制好的动作曲线讲解视频进行检验。

3.4.6 评价反馈

1. 评价流程

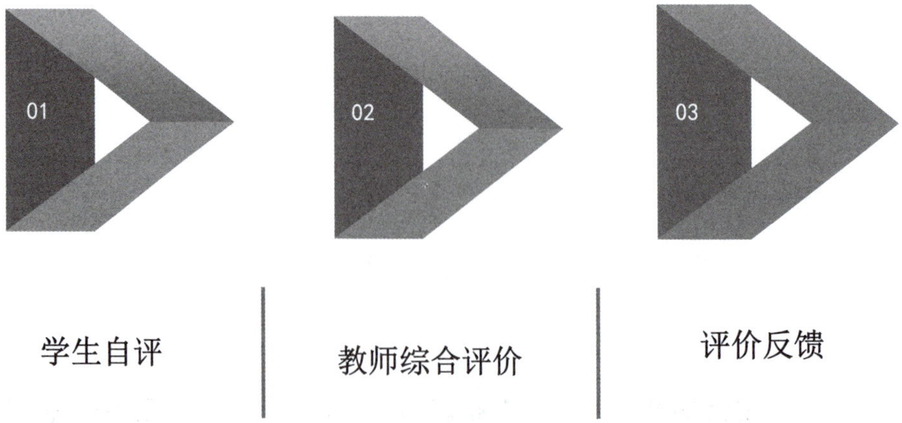

2. 评价表

表 3-8 为任务评价表。

① 学生自评，并将结果填入学生自评栏中。

② 教师对学生工作过程与工作结果进行评价，并将评价结果填入教师综合评价栏中。

表 3-8　任务评价表

<table>
<tr><td colspan="3">项目 3　分析信号集中监测曲线</td><td colspan="2">任务 3.4　分析移频轨道电路电压曲线</td></tr>
<tr><td colspan="5">班级：　　　　姓名：　　　　学号：</td></tr>
<tr><td colspan="5">一、学生自评</td></tr>
<tr><td>序号</td><td>项目评价</td><td>评价标准</td><td>分值</td><td>得分</td></tr>
<tr><td>1</td><td>移频轨道电路正常监测曲线的分析</td><td>能正确分析移频轨道电路正常监测曲线</td><td>20</td><td></td></tr>
<tr><td>2</td><td>采集原理</td><td>能正确说出采集内容</td><td>20</td><td></td></tr>
<tr><td>3</td><td>采集位置</td><td>能正确说出采集的位置</td><td>20</td><td></td></tr>
<tr><td>4</td><td>故障案例曲线分析</td><td>能正确分析图纸原理</td><td>20</td><td></td></tr>
<tr><td>5</td><td>工作质量</td><td>能按计划完成任务</td><td>10</td><td></td></tr>
<tr><td>6</td><td>协调能力</td><td>与小组成员之间能合作交流，协调工作</td><td>10</td><td></td></tr>
<tr><td colspan="5">二、教师综合评价</td></tr>
<tr><td colspan="5">班级：　　　　姓名：　　　　学号：</td></tr>
<tr><td></td><td>项目评价</td><td>评价标准</td><td>分值</td><td>得分</td></tr>
<tr><td colspan="2">考勤（10%）</td><td>未出现无故迟到、早退、旷课现象</td><td>10</td><td></td></tr>
<tr><td rowspan="7">工作过程（90%）</td><td>移频轨道电路正常监测曲线的分析</td><td>能正确分析移频轨道电路正常监测曲线</td><td>10</td><td></td></tr>
<tr><td>采集原理</td><td>能正确说出采集原理内容</td><td>10</td><td></td></tr>
<tr><td>采集位置</td><td>能正确说出采集的位置</td><td>10</td><td></td></tr>
<tr><td>故障案例曲线分析</td><td>能正确分析图纸原理</td><td>20</td><td></td></tr>
<tr><td>工作态度</td><td>态度端正，工作认真，对不会的问题能主动提问</td><td>5</td><td></td></tr>
<tr><td>工作规范</td><td>能按规范要求完成任务</td><td>5</td><td></td></tr>
<tr><td>成果展示</td><td>能准确表达、汇报工作成果</td><td>30</td><td></td></tr>
<tr><td rowspan="2">综合评价</td><td>自评（40%）</td><td>教师评价（60%）</td><td colspan="2">综合得分</td></tr>
<tr><td></td><td></td><td colspan="2"></td></tr>
</table>

课后作业

请对图 3-39 中的故障曲线进行分析，并说出常见的故障原因。

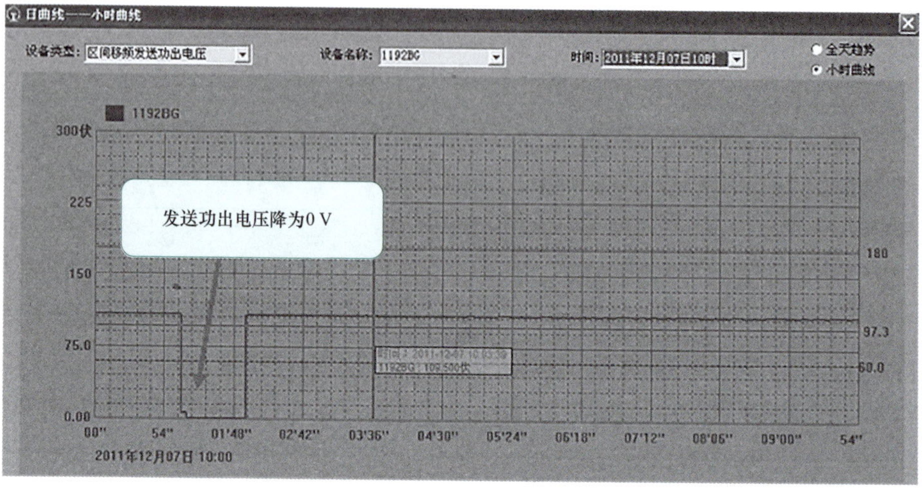

图 3-39　故障曲线

扫码看答案

参考文献

[1] 莫建国. 铁路信号集中监测系统应用[M]. 北京：中国铁道出版社，2020.
[2] 黄聪，赵宁. 铁路信号集中监测系统应用[M]. 北京：中国铁道出版社，2021.
[3] 张胜平. 铁路信号集中监测系统运用与维护[M]. 成都：西南交通大学出版社，2021.

习题参考答案